JN220299

ISA公認

アーボリスト®基本テキスト

クライミング、リギング、樹木管理技術

Tree Climbers' Guide
3RD EDITION

著者
ISA
International Society of Arboriculture

シャロン・リリー

訳
アーボリスト®トレーニング研究所

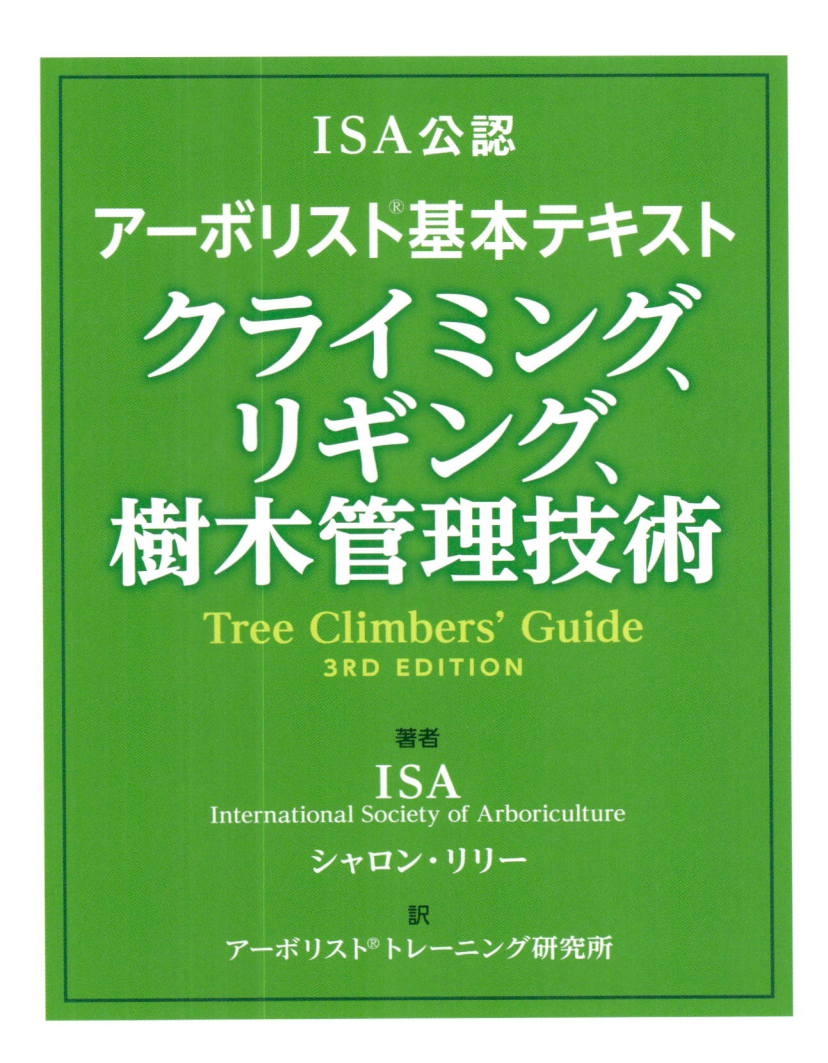

全国林業改良普及協会

原著データ

Tree Climbers' Guide 3 RD EDITION

ISBN: 1-881956-48-2

Project Coordinator: Kathy Ashmore
Composition and Cover Design: Gretchen Wieshuber
Printed by: Illinois Graphics, Inc.

International Society of Arboriculture
270 Peachtree St NW, Suite 1900
Atlanta GA 30303 United States
Phone: +1.678.367.0981
www.isa.arbor.com
isa@isa-arbor.com

謝辞

カバーイラスト：ブライアン・コットワイカ
イラストレーター：ブライアン・コットワイカ
　　　　　　　　　マット・シェファード
　　　　　　　　　トッド・エイカーズ

　本書（原著名：Tree Climbers' Guide 3RD EDITION）は、以下に挙げるみなさまの協力を得て発刊することができました。原著者およびISA一同、感謝申し上げます。

マーク・アダムス氏	Dr. ダン・ニーリイ氏
ワン・バーバ氏	ドゥエイン・ニューステイタ氏
ドナルド・F・ブレア氏	ケン・パーマー氏
ジョー・ボンズ氏	ウォード・ピーターソン氏
イアン・ブルース氏	スコット・プロフェット氏
Dr. キム・コーダー氏	スティーブ・ラファロ氏
デイヴ・デ・スーザ氏	Dr. H. デニス・P・ライアン3世氏
ティム・ガンマ氏	ジム・スキエラ氏
ピーター・ゲルステンベルガー氏	Dr. E. トマス・スマイリー氏
ジョン・ヘンドリクセン氏	ブルース・スミス氏
ジム・イングラム氏	リタ・A・スチューロスミス氏
Dr. ブライアン・ケーン氏	ジャッキー・ステンピエン氏
ビル・クリデンニール氏	リップ・トムプキンズ氏
ガイ・メイレウール氏	デレク・ヴァニス氏
Dr. ロバート・ミラー氏	ボブ・ウェーバー氏
ジョー・マレー氏	

　加えて、技術に関する助言やイラスト、原稿の校正に多くの時間を割いていただいたマーク・アダムス氏とスコット・プロヘット氏、見やすく分かりやすいイラストを提供してくれたイラストレーターのブライアン・コットワイカ氏、そして忍耐強く人や物事をまとめ上げてくれたキャシー・アッシュモア氏にも大変お世話になりました。心よりお礼申し上げます。

ISAとは

　ISA：International Society of Arboriculture（国際アーボリカルチャー協会）はアメリカ合衆国ジョージア州アトランタに本部があり、世界47カ国に3万人以上の会員と資格取得者を有する世界最大の樹木研究および実践団体です。

　ISAは樹木管理に関する専門的な研究・技術・教育・実践を通じて、作業者の安全確保と技術向上を目指すと同時に、樹木や森がもたらす恩恵を世界中のあらゆる人たちに広めることを目的に活動しています。

www.isa-arbor.com

アーボリスト®トレーニング研究所とは

　アーボリスト®トレーニング研究所（以下ATI／Arborist Training Institute）は、アメリカに本部を置く国際組織ISAが認める日本国内唯一のアーボリストトレーニング組織です。

　ATI所長のジョン・ギャスライトが2003年よりISAと連携を組み、アーボリストトレーニングチームをつくり、ツリーワーカーセミナーを行ってきました。2013年、ATIとして再スタートを切り、日本におけるアーボリスト技術と知識の普及を目指しています。

　ISA認定国際資格ツリーワーカー／クライマースペシャリストや、ISA推奨、ATI認定資格取得を目指す方に向けた技術講習や認定試験を実施しています。

　また、樹上レスキューTARSセミナーに重点をおき、アーボリスト業界の労働災害事故防止への努力をしています。

http://japan-ati.com

訳者まえがき

　あなたがこのテキストを手にしているということは、安全で適切な樹木管理について真剣に取り組んでいる証しとも言えます。この本に書かれている内容を理解して習得し、認定樹護士アーボリストや認定ツリーワーカーになることは、自分自身への投資であり、おのずと社会貢献にも繋がる、やり甲斐のある仕事となるでしょう。

　世の中には数多くの職種がありますが、アーボリストほど毎日が新鮮で刺激的な仕事はありません。現場には1本たりとも同じ樹木がないように、毎日の仕事で出会う樹木にツリークライミング技術やリギング技術を駆使して向き合う中で新しい発見があり、あなた自身も成長することでしょう。

　1本の樹木と向き合う仕事には、熟練した技術・知識、そして経験が必要となります。しかし経験豊富な熟練アーボリストでさえ1つ間違えば死に直結するほど、多くの職種の中でも最も危険な仕事と言えるのです。アーボリストは実際に危険な樹木の高いところでチェーンソーを使って仕事をするため、誤って樹上から落下したり、重い枝がぶつかってきたり、チェーンソーの跳ね返りで自分自身を切ってしまうなど、大怪我や死亡事故につながるリスクが非常に高くなります。

　ISAでは科学的な調査研究を実施し、アーボリストの仕事をより安全にするための原則があることを突き止めました。

　ISAが確立した体系的なアーボリストトレーニング、および継続的なアーボリスト教育制度は、アーボリストの事故や死亡者数を減らすことに役立つだけでなく、さらに知識を深め、技術を熟練させれば収入も比例してアップすることが立証されてきました。このため私たちはISAの考え方を基本として、日本ではATI（アーボリスト®トレーニング研究所）がアーボリストを育成するための技術普及と教育を続けています。認定資格は、自身の保有スキルを確認するためだけのものではなく、あなたが知識とスキルを習得した信頼できる樹木の専門家であることを他の人々に周知するものとなります。

　このアーボリスト基本テキストの原著である「Tree Climbers' Guide」は、ISAが積み重ねてきた研究成果をもとにまとめられたもので、研究者や大学教授、科学者、世界中の多くのアーボリストが携わって制作されました。そして1版、2版、3版と改訂を重ねるごとに使用器具情報などは更新され、事故報告や危険回避、ヒヤリハットから得た新たな知見なども追加されてきました。

　また新しいクライミングギアや樹木の診断ツールは、絶えず開発され続けています。しかしどんな新しい技術やギア類が開発されてきても、樹木の危険度は変わることなく、重力もチェーンソーの危険性も排除されることはありません。是非このテキストを通して、みなさんが揺ぎない基礎知識を身につけて、経験を積み、高度な技術を持つ認定樹護士アーボリスト®を目指して頑張ってください。

　翻訳チームメンバー全員が、この本を強くお勧めします。

アーボリスト®トレーニング研究所

ジョンギャスライト　川尻秀樹　下西あづさ　近藤紳二

目次

第1章　樹木の健康と科学

第2章　安全管理

第3章　ロープとノット

第4章　クライミング

第5章 剪定

第6章 リギング

第7章 樹木の伐倒、造材

第8章　ケーブリング

資料編

第2章　安全管理

第3章　ロープとノット

第4章　クライミング

第5章　剪定

第6章　リギング

第7章　伐倒、造材

第8章　ケーブリング

本書をお読みになる前に
（日本語版編集部より）

1 本書では原著と同じように「ロープ」と「ライン」を使い分けて表記しています。同じ意味のようにも思うかもしれませんが、「ロープ」は道具そのものを指しているのに対して、「ライン」はロープをブロックに通したり、張ったり、木に結びつけたりして、"使用している状態"であることを意味します。また、"目的がはっきりしている"場合も「ライン」を使います。

   例えば、「バックの中からロープを取り出す」「ラインを張って荷を持ち上げる」「スローライン、スピードライン」といったように使い分けています。

   この他の用語についても、基本的には原著のとおりとしています。

2 原著は2005年に出版されたもので、現在（2019年日本語版発行時）主流となっている技術や道具と異なる場合があります。一部、3章のロープ紹介等について、今の実態に合った内容に書き換えています。

3 専門用語の翻訳については、基本的に日本語に置き換えていますが、日本語にない言葉はカタカナで表記しています。

4 イラストは原著に使用されているイラストを忠実に使用、掲載しています。

5 各章の最後に練習問題を用意しています。回答は資料編D（171頁～）に掲載していますので、繰り返し自主勉強して理解を深めることに役立ててください。

樹木の
健康と科学
Tree Health and Sciences

キーワード

ミネラル　minerals

デンプン　starches

吸収根 (きゅうしゅうこん)　absorbing roots

樹冠 (じゅかん)　crown

孔隙 (こうげき)　pore spaces

菌根 (きんこん)　mycorrhizae

半径　radius

ドリップライン　drip line

形成層 (けいせいそう)　cambium

師部(篩部) (しぶ)　phloem

木部 (もくぶ)　xylem

成長輪(年輪) (せいちょうりん)(ねんりん)　growth rings

辺材 (へんざい)　sapwood

心材 (しんざい)　heartwood

維管束系 (いかんそくけい)　vascular system

放射組織 (ほうしゃそしき)　rays

ブランチカラー（枝隆 (しりゅう)）　branch collar

ブランチバークリッジ　branch bark ridge

入皮(インクルーデッドバーク) (いりかわ)　included bark

光合成 (こうごうせい)　photosynthesis

蒸散 (じょうさん)　transpiration

針葉樹　conifer

常緑樹　evergreen

落葉樹　deciduous

樹木腐朽の区画化(CODIT)
　Compartmentalization of Decay in Trees (CODIT)

リアクションゾーン　reaction zone

バリアゾーン　barrier zone

空洞(うろ)　cavity

ストレス　stress

ガードリングルート　girdling root

非生物性の　abiotic

生物性の　biotic

維管束萎凋病 (いかんそくいちょうびょう)　vascular wilt

ルートクラウン(根張)　root crown

トランクフレア(根株)　trunk flare

バットレスルート(張り出し根、板根)
　buttress roots

子実体 (しじつたい)　fruiting bodies

サルノコシカケ　conk

頂芽 (ちょうが)　terminal bud

側芽 (そくが)　lateral bud

腋芽 (えきが)　axillary bud

節 (ようこん)　node

葉痕　leaf scar

対生葉序 (たいせいようじょ)　opposite leaf arrangement

互生葉序 (ごせいようじょ)　alternate leaf arrangement

輪生 (りんせい)　whorled

単葉 (たんよう)　simple leaf

複葉 (ふくよう)　compound leaf

小葉 (しょうよう)　leaflets

裂片 (れっぺん)　lobe

鋸歯 (きょし)　serration

葉鞘 (ようしょう)　fascicle sheath

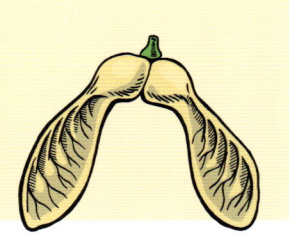

イントロダクション　Introduction

　樹木の成長には太陽光、空気、水、必須ミネラル、地上や地下での十分な空間、といった基本的要素が必要で、これらがすべて満たされた状態にあれば、樹木は伸び伸びと成長し続けることができます。しかし1つでも欠けると樹木は弱り、さらには枯れてしまうこともあるでしょう。アーボリスト（樹護士）は樹木の健康状態やストレス要因を判断できるよう、樹木生物学の基礎を理解しておく必要があります。

　危険な木に登るということは、アーボリスト自身だけでなく、周囲にいる人たちまでも危険にさらすということです。クライミングや作業を始める前に、対象木をインスペクション（調査）して危険が潜んでいないかどうかを確認しなくてはなりません。そのためには、危険の兆候を見極められることがアーボ

ドリップライン

図1.1 ほとんどの吸収根は地表に非常に近いところで成長します。建造物や舗装面の下では通常、根はほとんど成長しません。

リストとして不可欠な要素です。

　樹木同定のスキルも重要です。作業をするには正しく樹木を識別する必要がありますし、その特性にも詳しくなくてはなりません。個々の樹種の成長特性を理解していれば、より自然な姿に剪定することができます。また、その木質部や枝の強度についての知識があれば防げる事故もあるはずです。

　樹木の構造や機能（働きやその仕組み）についての基礎知識は、ツリーケア（樹木の保護・管理）を行うための土台となります。樹木がストレスや傷、剪定等に対してどのように反応するのかを必ず理解しておかなくてはなりません。こうした知識がないまま処置すれば、樹木にダメージを与えることになります。

樹木の成長と構造　Tree Growth and Structure

根　Roots

　樹木の根には、固定・貯蔵・吸収・運搬という4

つの主要な働きがあります。大きな根は幹や枝と同じく木質です。樹木がその場に倒れないように支え、**デンプン**を貯蔵し、水分やミネラルを樹木の頂端へと運びます。この大きな根は幾度も枝分かれし、その先には幾つもの小規模な根のネットワークが形成されています。このネットワークを構成するのは細い繊維質の**吸収根**で、水分やミネラルを吸収する働きを担っています。この細い根が枝分かれして、土壌表面のすぐ下に扇状にマットを敷いたように広がっています。

　根は水分と酸素のあるところで成長します。樹木の根はかなり深くまで成長する場合もありますが、吸収根のほとんどは地表から15〜30cmほどの深さで、太い根の多くも地表から1mの深さまでに見られます（**図1.1**）。根系の形が**樹冠**の姿を映したものという考えは完全な誤りです。

　根は先端に成長点があり、そのごく小さな先端が条件のよい所へと伸びていきます。根の成長に必要

図1.2　根端の構造。

根毛

根冠

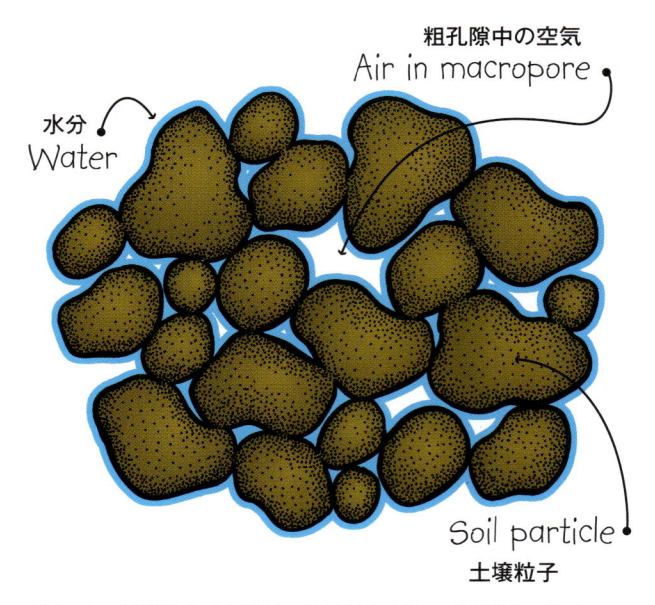

水分
Water

粗孔隙中の空気
Air in macropore

Soil particle
土壌粒子

図1.4　理想的な土壌は孔隙が約50％、土壌粒子間のスペースは空気や水分で満たされている状態です。

図1.3　たいていの樹木の根は菌類と有益な関係をもって共生しており、この菌類は水分やミネラルの吸収を助けてくれます。こうした根を菌根と呼びます。

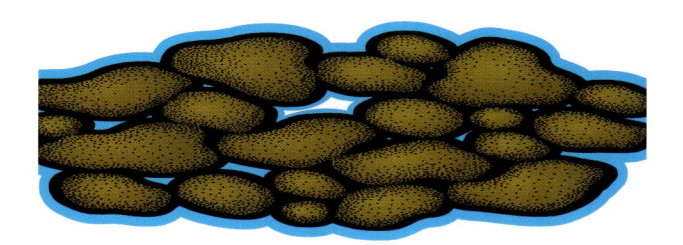

図1.5　土壌が締め固められると孔隙が減少します。酸素が減り、根の成長も抑制されます。

な酸素と水分は土壌粒子の**孔隙**（隙間）に存在していますが（**図1.4**）、この孔隙量が不足している、つまり十分な酸素を得られない状態だと根は機能することができません。締め固められた土壌や舗装された場所の下で根を張ることができないのはこのためです（**図1.5**）。こうした場所のほとんどで、樹木の成長や健康が阻害されています。

　根の広がり方は周辺の土壌条件によって変わります。開けた場所では樹冠**半径**の2〜3倍にまで伸びることも珍しくありません。建造物や舗装による制限を受ければ、制限のない側へ偏った成長をするでしょう。根は通常、**ドリップライン**（樹冠端からの雨滴落下線）を越えて幹からかなり離れたところまで成長します（**図1.6**）。

図1.6　根は条件のよい所で成長し、ドリップラインをはるかに越えて広がります。

図1.7　師部、形成層、木部の配置図。

幹と枝　Trunk and Branches

　樹木の幹と枝は、骨格の役割を果たしています。枝は分枝構造を形成して支えの枠組みとなり、その構造によって葉は太陽の光を受けることができます。幹と枝には根と同様にいくつかの基本的な働きがあります。水分やミネラルを根から葉へと運んだり、樹冠の構造的な支えとなったり、糖やデンプンの形でエネルギーを貯蔵したりします。

　外側より、樹皮、師部があり、その内側に**形成層**として知られる分裂細胞の層があります（**図1.7**）。形成層細胞の分裂活動は幹と枝を肥大成長させるだけでなく、傷を塞ぐ際にも重要な役割を果たしています。形成層で外側につくられる細胞は**師部（篩部）**となります。師部は葉で生成された糖を、その消費場所やデンプンとして貯蔵する場所へと運びます。

　形成層で内側につくられる細胞は**木部**となります。木部は木部繊維や根から水分・ミネラルを運び上げる管状要素等で構成されています。これは生き

た細胞と死んだ細胞の両方からなる複雑な組織で、水分通導だけでなく、デンプンの貯蔵、腐朽に対する防御、そして樹木の構造的な支えといった役割も果たしています。

　樹木の枝や幹、根の切断面（木口）では**成長輪（年輪）**を見ることができます。基本的には1つ1つの輪が木部の1年分の成長を示しており、形成層のすぐ内側の輪が一番新しい年の成長分です。その幅を観察することで樹木の成長の様子を推測することができます。例えば、乾燥した年が何年か続くと成長輪の幅は狭くなり、これは樹木の成長が低下していたことを示しています。また、成長輪の数から樹齢を推測することもできます。

　木部における外側の層（**辺材**）は、水分やミネラルを根から葉へと運びます。たいていの樹木では内側の層（**心材**）は生きておらず、水分やミネラルを運び上げることはありません。

　形成層、師部、木部は、細い木質の根から幹、枝先までつながる1つの系を成しています。形成層細胞の分裂によって新しい細胞の層がつくられ、枝や根を肥大成長させます。これに対して伸長成長は小枝の先端で起こります。何年たっても、枝の位置（高さ）が変わっていかないのはこのためです。

　師部と木部からなる樹木の**維管束系**には、**放射組**

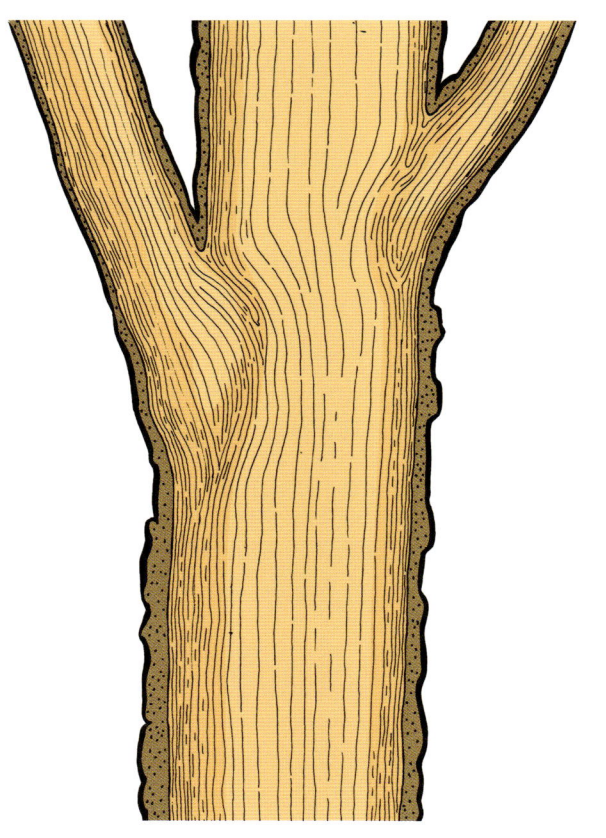

図1.8　幹を割ると見える枝の基部です。結合の様子に注目してください。枝とその枝より上の幹との間には、維管束の直接のつながりはありません。

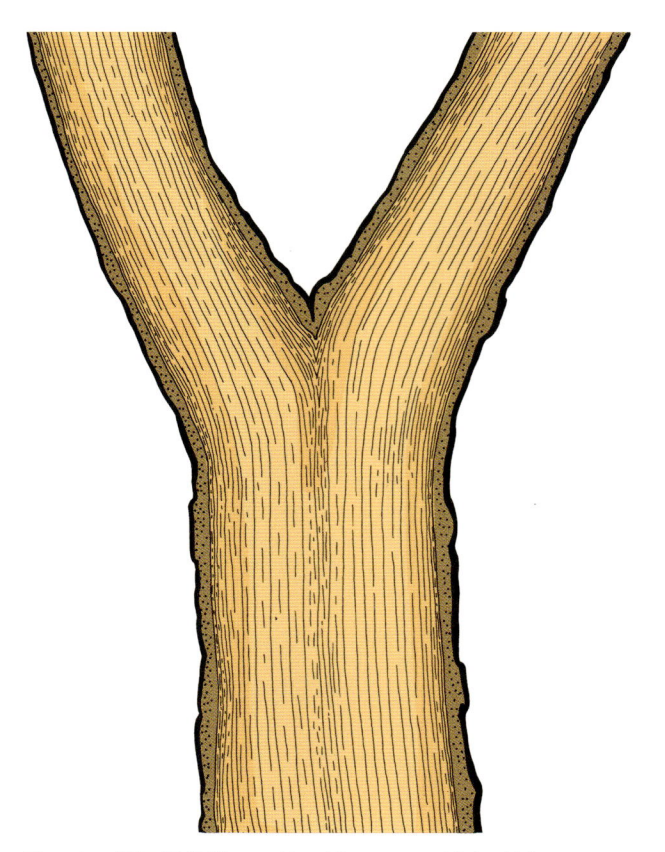

図1.9　相互優勢幹は、枝と幹のような結合形態をもっていません。

織というものがあります。放射組織は師部と木部を貫いて放射方向へ帯状に伸びる生きた細胞の組織であり、幹の組織を横断して糖などを運びます。また樹木における主な食糧貯蔵庫でもあり、樹木の成長や開花、結実で消費する貯蔵デンプンの多くはその消費場所に近い貯蔵庫から運ばれます。

　個々の枝も樹冠全体と同様の構造と機能をもっています。ただ、枝は幹から単に伸び出たものではなく、枝と幹は独特な結合形態をもっています（**図1.8**、**図1.9**）。枝はその下側では幹と強く結合していますが、上側の結合はそれほど強くありません。また枝同士には維管束組織のつながりはありません。

　枝の付け根部分では枝と幹それぞれの木部層の発達に伴って膨らみが生じ、これを**ブランチカラー（枝隆）**と呼びます。枝と幹はまたの部分でも互いに成長し、その結果、樹皮が押し上げられて**ブランチバークリッジ**が形成されます。この時、樹皮が内側に押し込まれて樹木内部に入り込んでしまった状態を**入皮**（インクルーデッドバーク）と呼びますが、これ

は木のまたの強度を弱めることになります。

葉　Leaves

　葉は樹木の"食糧製造工場"と言えるでしょう。実際、人間や他の動物とは異なり、植物は自分で栄養を生成します。このプロセスが**光合成**と呼ばれるものです。

　太陽の光エネルギーを使って水と二酸化炭素から糖を生成し、その副産物として酸素を大気中に放出します。生成された糖は成長のためのエネルギーとして消費されたり、師部を通って運ばれたり、放射組織細胞や根にデンプンとして貯蔵されたりします（**図1.10**）。

　葉のもう1つの重要な働きは**蒸散**です。これは葉表面の小さな気孔から水蒸気として水分を放出する現象で、この蒸散によって葉を冷却しています。また蒸散は根から木部を通じて水を引き揚げる揚水力を生み出す、大きな役割も果たしています。

図1.10　光合成反応によって、葉で糖が生成されます。その副産物として酸素が放出されます。

図1.11　樹木の損傷に対する反応として、損傷箇所の上下の維管束要素を塞ぐことで第1壁が形成され、縦方向の腐朽の拡大を制限します。第2壁は成長輪の最後の細胞層によって形成され、内側への拡大を制限します。第3壁は腐朽を区画化する放射組織細胞であり、横方向（円周方向）の拡大を制限します。

葉の形や大きさはさまざまです。中には独特の形で極限環境に適応するものもあり、マツ属やモミ属に見られる針葉もそうした葉の形態の1つです。多くの**針葉樹**は**常緑樹**で、1年以上葉を維持します。対して秋に一斉に葉を落とす樹木は**落葉樹**と呼ばれます。

腐朽に対する防御　Defense Against Decay

樹木には、腐朽の区画化という独特の機能があります。これは樹木が変色や腐朽の拡大を阻止しようとする働きで、樹木が傷つくとその反応が始まり、傷ついたエリアに境界を形成していきます。

著名な樹木研究者であるアレックス・シャイゴ博士が**樹木腐朽の区画化（CODIT**：Compartmentalization Of Decay In Trees)プロセスのモデルを示しました。

シャイゴ博士のモデルによれば、樹木は4つの防御"壁"を形成します（**図1.11**)。第1壁は木部細胞を塞ぐことで垂直（縦）方向の拡大を阻止します。第2壁は内側への拡大を阻止します。第3壁は放射組織細胞を活性化することで腐朽に抵抗し、横方向

の拡大を抑えます。これら3つの壁が**リアクションゾーン**を形成します。第4壁は損傷後につくられる新しい木部の層で、腐朽が外側（その後に成長する木部）に進行するのを防ぎます（**図1.12**)。これは**バリアゾーン**と呼ばれます。第1壁が最も弱く、第4壁が最も強い防御壁です。

時には病原菌の広がりを防ぎきれないこともあります。これは第1〜3壁で防御が失敗して内部に腐朽が広がってしまう場合が多く、これが最終的には**空洞（うろ）**の形成をもたらします。第4壁は形成層が壊されるか傷つくかしない限りは失敗することはほとんどありません。樹木はこうした4つの壁を形成することで、腐朽を損傷箇所だけに閉じこめ、その拡大を防ぐ機能をもっているのです。

外側の木部層（辺材）は水を通導し続けるため、心

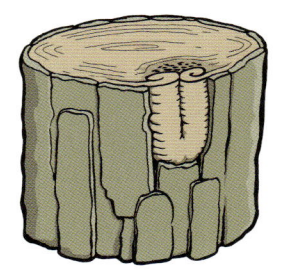

図1.12　最も強い第4壁は、損傷後に生成される新しい層です。この第4壁は更にその後生成される新しい木部に腐朽が入り込むのを防ぎます。元気のよい木は傷を塞ぎ、内部の変色した木質部や腐朽を区画化します。

図1.13　樹冠の衰えの多くは、根がストレスを受けている兆候です。

材部分が空洞になっている木であっても生き延びることができます。円筒形のパイプに構造的な強度があるように、空洞のある木も構造的には決して弱いものではありません。しかし腐朽がバリアゾーンをくぐり抜けて周りの組織へ広がると、樹木の健康状態が衰え、構造的にも弱く危険な状態となってしまいます。

樹木の健康とストレス　Tree Health and Stress

植物の健康を促進する基本因子は、十分な水分と空気、適度な光と温度、そしてバランスのとれた必須ミネラルです。これらいずれかの要素が多すぎても少なすぎても、樹木には**ストレス**となってしまいます。

ストレス状態の初期の兆候としては、成長率の低下、葉色の異常、胴吹き枝、徒長枝や根萌芽の活発化、季節外れの落葉などがあります。最も多いストレスの原因は立地場所や周辺環境によるものです。樹木が植えられた場所に適していなければストレス状態に陥ってしまいます。一般的なストレス問題と

して、水分の過不足、土壌の締め固め、**ガードリンググルート**（根による幹の締めつけ、**図1.14**）、冷害、物理的な原因による損傷（適切でない剪定も含む）などがあります。これらはすべて**非生物性**因子の例で、生物によって引き起こされるものではありません。

根のストレスは都市部や郊外でよくある問題です。都市環境では土壌が固く乾いて痩せていることもしばしばです。締め固められた土壌では孔隙が少なく、酸素の供給量も減少しているため根の成長と機能が抑制されてしまい、樹木が衰えていくのです（**図1.13**）。

ストレス状態にある樹木は衰弱し、虫や病気の攻撃を受けやすくなります。この表面的な症状だけを捉えて対処してしまいがちですが、健康を回復させるためには根本的なストレス要因を突き止めて対処しなくてはなりません。

虫、小動物、菌類、バクテリアなどといった**生物性**の媒介者によって引き起こされる問題も数多くあります。落葉樹の葉にだけ影響を及ぼすような虫や病気は、基本的には樹木の生命まで脅かすものではありません。葉は一時的な器官であり、毎年より多くの葉がつくられます。しかし虫害を繰り返し受け

図1.14 ガードリングルートは維管束系を締めつけてしまい、ストレスの原因となることがあります。ガードリングルートが起こりやすい樹種もあります。

図1.15 裂け目のあるまたは危険をはらんでいます。

たり、過度の剪定などで長期にわたって葉が不足し続けると、エネルギーの消費が供給を上回る状態が続くことになり、貯蔵分を使い果たした樹木は最終的に枯死してしまいます。

樹木の維管束系に影響を及ぼす虫や病気、傷はもっと深刻です。水分や栄養を運ぶための経路である木質部に穴をあける穿孔虫や**維管束萎凋病**は、樹木の生命を脅かしかねない問題です。

危険認識 Hazard Recognition

アーボリストは、どんな樹木でも作業に取りかかる前にまずインスペクション（状況の調査）をしなくてはなりません。樹木にどんな危険が潜んでいるか徹底的に調べ、評価しなくてはなりません。一見してわかる傷みや危険の兆候、例えば大きな空洞や裂けといったものもありますが（図1.15）、慎重に探さなくては見つからないものもあります。

隠れた危険の中でも特に問題となるのは、**ルートクラウン（根張）**、**トランクフレア（根株）**の腐朽です。これによって樹木が根元から倒れてしまう可能性もあり、大事故にもつながりかねません。この種の腐朽は外から見ただけではわかりにくい場合も多々ありますので細心の注意が必要です。枯れて傾いてい

るような樹木では常に腐朽を疑わなくてはなりません。また、枝先から全体的に枯れてきている樹木は、おそらく根に何らかのストレスを受けています。

根が張っていると考えられる場所を調べて、根の枯れや腐朽の兆候がないか確認してください。キノコが生えているなら根の腐朽が疑われます。特に並んでキノコが生えているようなら注意が必要です。幹の周りを掘って、腐った木片や菌類（キノコやカビなど）が見当たらないか探してみてください。さらに大きな**バットレスルート（張り出した根、板根）**に腐朽がないことを確認してください。

幹や樹冠もしっかり確認してください。木材腐朽菌の**子実体**である**サルノコシカケ**や他のキノコ類が幹や枝についていれば、その内部には腐朽があります（図1.16、図1.17）。潜在的な危険の兆候としては他に、空洞、裂けのある幹や枝、入皮状態のまた、枯れ枝、樹木の傾きとは反対側にある土壌の隆起といったものがあります（図1.18）。

こうした危険の兆候が見られる場合、「クライミングしても大丈夫なのか？」「周囲の人々や建造物

図1.16　キノコは菌類の子実体です。根や根張り部分の腐朽のサイン です。

図1.18　フラス（木屑と虫の糞が混ざったもの）は虫が穿孔したサインです。腐朽がないかしっかり確認してください。

図1.17　サルノコシカケ類は内部腐朽があることを示しています。

にとって差し迫った脅威となるのか？」といった判断をし、その結果によって必要な措置を講じなくてはなりません。アーボリストがその現場での最終的な判断を下す立場にないこともあるでしょう。けれども、現場における危険の認識・評価、ひいてはチームの安全を守るという重要な責任の一端を担っていることは間違いありません。

樹木同定の基礎　Principles of Tree Identification

　ツリーケアを行うには、まずは樹木を同定できなくてはなりません。正しい同定には知識と経験が必要です。基本的な同定技術を身につけて実践を重ね、季節を通じて樹木の観察を続けることでそのスキルは向上していきます。

　樹木の同定は各部分の形や大きさなど、見た目の特徴に基づいて行います。したがって、樹木の基礎的な知識が不可欠です。葉だけではなく、芽や小枝、花、実、樹皮などを観察することが大切です（図1.19、図1.20）。また樹木の成長特性やサイズも同定の判断材料になります（図1.21）。時には、見た目の特徴以外に匂いや味といった情報も役に立ちます。

図1.19 樹皮の色や模様、質感などは同定のよい判断材料となります。

図1.20 花や棘、果実、木の実、種子なども同定に利用できます。

樹木の同定ではあらゆる情報を利用しましょう。葉にだけ頼っていると、葉がない時期には落葉樹を同定することができません。

　小枝の構造についての基本的な知識も役に立ちます（**図1.22**）。小枝の先端の芽を**頂芽**といいます。側面の芽は**側芽**あるいは**腋芽**といい、これは葉芽や花芽かもしれませんし、枝として成長するものかもしれません。花芽は概して葉芽よりも丸くてふっくらとしています。葉や芽が出ている枝のわずかにふくらんだ箇所は**節**と呼ばれます。葉が落ちた後に小枝に残る跡は**葉痕**と呼ばれます。これらの独特な形やサイズもよい判断材料となります。

　樹木同定の最初のステップは葉序の確認です（図

図1.21 樹形にも特徴があります。（上図と次頁上段）

図1.21　樹形にも特徴があります。（つづき）

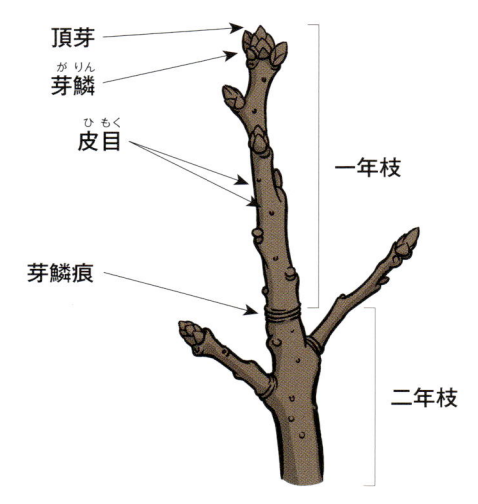

図1.22　小枝の伸長成長を表す小枝の構造。

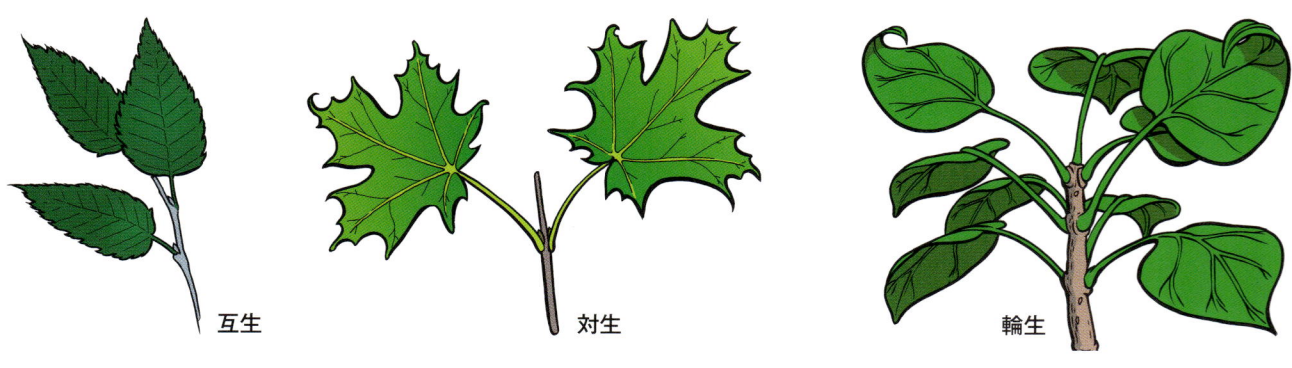

図1.23　葉序。

1.23)。葉序（あるいは芽序）というのは、枝に対する葉の並び方です。2つの芽が枝の両側から対になって出ているなら、葉序は対生と呼ばれます。**対生葉序**の樹種としては、カエデ属やトチノキ属、多くのミズキ属、そしてトネリコ属などがあります。落葉樹種の大多数は**互生葉序**で、葉や芽が枝に互い違いに出ます。3枚以上の葉や芽が1つの節から出る場合は、その葉序は**輪生**と呼ばれます。これは落葉樹では一般的ではありませんが、針葉樹で時々見られます。

次は**単葉**（図1.24）か**複葉**（図1.25、図1.26）か（単葉は1つの芽につき1つの葉身、複葉は複数の**小葉**からなります）の確認です。同定に利用できる葉の特徴としては他に、**裂片**や**鋸歯**（葉縁に並ぶ歯のようなギザギザ）といったものがあります（図1.27、図1.29）。

針葉樹では、針葉の形やサイズ、そのつき方が重要です（図1.28）。トウヒ属、ツガ属、イチイ属、モミ属の針葉は枝に1本ずつ単独でついています。マツ属の針葉は**葉鞘**に包まれて、二葉、三葉あるいは五葉の束になっています。この1束の針葉の数でマツの種類を判断できます。

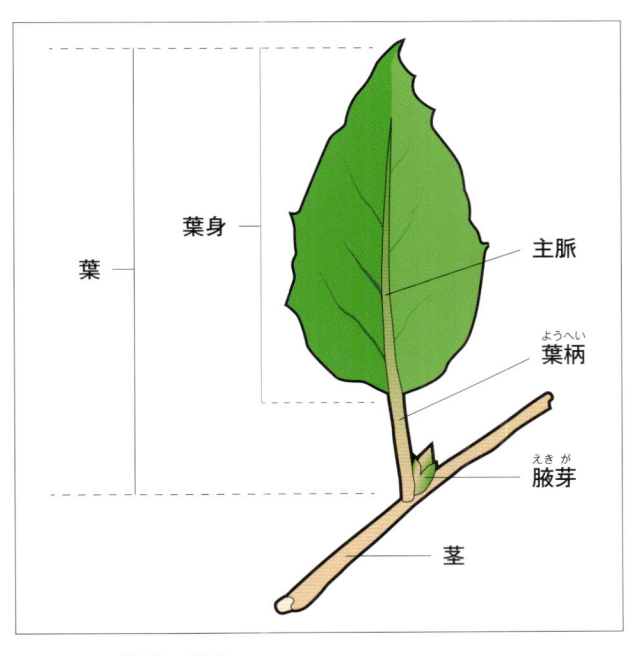

図1.24 単葉の構造。

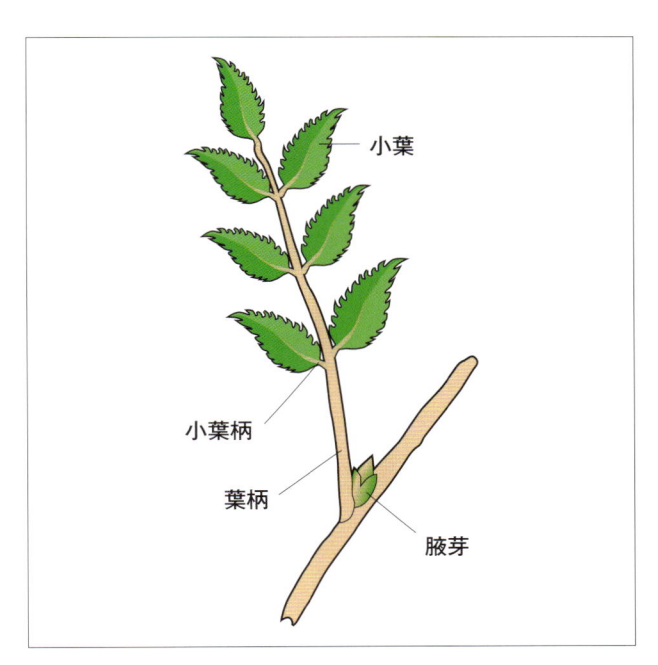

図1.25 複葉の構造。

二回羽状

掌状

羽状

図1.26 複葉での小葉の並び。

　また、芽の形や大きさ、つき方、角度などは（特に冬ですが）樹木の個性をよく表すものです。葉が落ちたあとに見られる葉痕も役に立ちます。

　こうした同定の指標は非常に役に立ちますが、フィールドでの実践が何よりも大切です。実際の樹木の特徴についての知識を得れば得るほど同定のプロセスは容易になりますが、それ以上に季節を通じてさまざまな環境で長い年月をかけて観察経験を重ねていくことは、何ものにも代え難い貴重な財産となるでしょう。

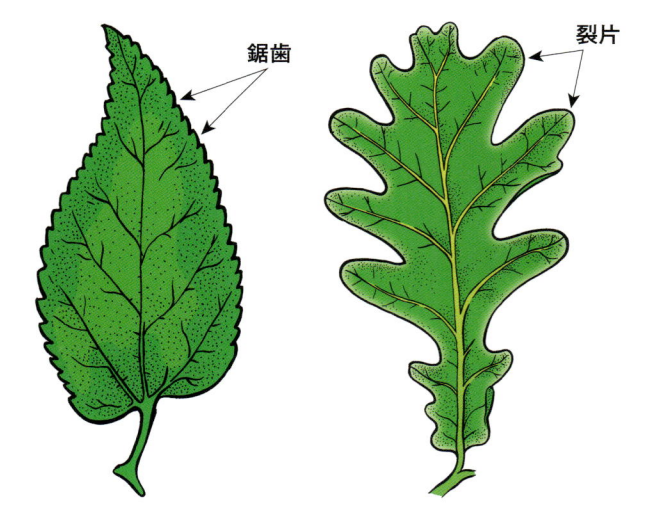

図1.27　（左側）鋸歯のある単葉。（右側）裂片のある葉。

図1.28　針葉樹は針葉の特徴で見分けることができます。

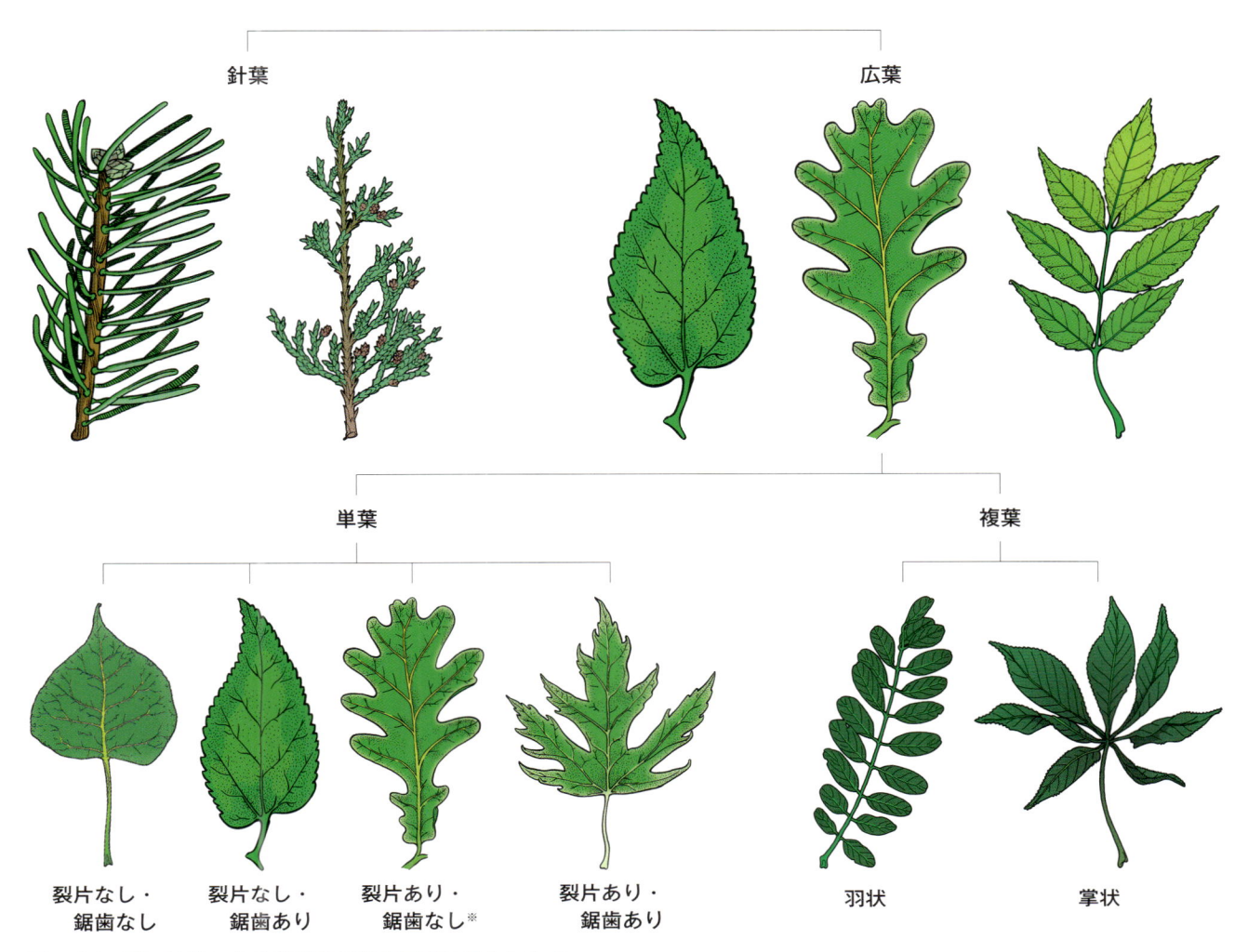

針葉　　　　　　　　　　広葉

単葉　　　　　　　　　　複葉

裂片なし・　　　裂片なし・　　　裂片あり・　　　裂片あり・
鋸歯なし　　　　鋸歯あり　　　　鋸歯なし※　　　鋸歯あり

羽状　　　　　　掌状

図1.29　葉の特徴による分類表が樹木同定に役立ちます。

※訳注：日本では、このような葉形は"鈍鋸歯"と分類することがあります。

第 1 章　練習問題

用語の説明として、当てはまる内容（A～H）を選択しなさい。

木部：＿＿＿＿＿

吸収根：＿＿＿＿＿

入皮：＿＿＿＿＿

師部：＿＿＿＿＿

光合成：＿＿＿＿＿

形成層：＿＿＿＿＿

蒸散：＿＿＿＿＿

落葉樹：＿＿＿＿＿

A．すべての葉を毎年落とす樹木

B．栄養分を運搬する組織

C．葉からの水蒸気の放出

D．ほとんどは地表から15～30cmほどの深さにある

E．植物による糖の生産

F．水分を樹木に運び上げる

G．樹木のまた内部に入り込んだ樹皮

H．樹木における肥大成長ゾーン

次の文の記述内容は、正しいか誤りか選択しなさい。

1.　正　誤　細い繊維質の根は水分やミネラルを吸収します。

2.　正　誤　樹木の根系は、樹冠の形を映したような姿をしています。

3.　正　誤　根は水分と酸素のある場所で成長する傾向があります。

4.　正　誤　樹木の根がドリップラインを超えて成長することはまれです。

5.　正　誤　デンプンは樹木の幹や枝全体で貯蔵されます。

6.　正　誤　形成層は幹や枝の中心にあります。

7.　正　誤　師部は糖を根だけに運びます。

8.　正　誤　木部は樹皮のすぐ内側にあります。

9.　正　誤　通常、1つ1つの成長輪は1年ごとの成長量を示しています。

10.　正　誤　成長輪の幅はこれまでの成育条件を表しています。

11.　正　誤　心材は水分やミネラルを樹木に運び上げます。

12.　正　誤　ほとんどの樹種では、辺材の外側の層のみが水分を運びます。

13.　正　誤　放射組織はデンプンの貯蔵場所です。

14.　正　誤　幹と結合している枝の付け根の膨らみをブランチカラーと呼びます。

15.　正　誤　葉は樹木の"食糧製造工場"といえます。

16.　正　誤　活力のある樹木は、腐朽の広がりを抑制するためにその腐朽を区画化します。

17.　正　誤　樹木がストレス状態にある時、たいていの原因は虫です。

18.　正　誤　樹冠全体の衰えを見せる樹木は、根の問題を被っている可能性があります。

19.　正　誤　一般的に落葉樹では、葉にだけ影響を与える虫や病気は致命的な問題ではありません。

20.　正　誤　樹木の維管束系に影響を与える虫や病気はたいてい深刻な問題となります。

用語に当てはまる説明文（A～H）を選択しなさい。

ルートクラウン：＿＿＿＿　　　　　A．土壌粒子の隙間

サルノコシカケ：＿＿＿＿　　　　　B．根が幹とつながるエリア

単葉：＿＿＿＿　　　　　　　　　　C．葉の縁のぎざぎざ

複葉：＿＿＿＿　　　　　　　　　　D．またの間で押し上げられた樹皮

ブランチバークリッジ：＿＿＿＿　　E．１枚の葉につき１つの葉身

孔隙：＿＿＿＿　　　　　　　　　　F．小枝の先端の芽

頂芽：＿＿＿＿　　　　　　　　　　G．樹木内の腐朽の兆候

鋸歯：＿＿＿＿　　　　　　　　　　H．複数の小葉をもつ葉

それぞれ１つずつ解答を選択しなさい。

1．ほとんどの吸収根が、＿＿＿＿ にあります。
　　a．深根の基部
　　b．直根の表面
　　c．地表から15～30cmほどの深さ
　　d．樹冠のドリップラインより内側

2．2つの芽が枝の両側で互いに向かい合って出ているなら、葉序は ＿＿＿＿ と呼ばれます。
　　a．互生
　　b．腋性
　　c．輪生
　　d．対生

3．束になった針葉をもつのはどの常緑樹でしょう。 ＿＿＿＿
　　a．マツ属
　　b．ツガ属
　　c．モミ属
　　d．トウヒ属

第 2 章

安全管理

Safety

キーワード

OSHA（米国の労働安全衛生局）　Occupational Safety and Health Administration

ANSI Z133.1（米国国家規格協会が定めるアーボリカルチャー業務基準）　ANSI Z133.1

CSA（カナダ規格協会）　Canadian Standards Association

認可された　approved

するものとする（義務）　shall

すべき（努力義務）　should

個人用保護具（PPE）　personal protective equipment

チッパー　chipper

レッグプロテクション（下肢の防護）　leg protection

チャップス　chaps

ランディングゾーン　landing zone

ドロップゾーン　drop zone

コマンド＆レスポンス・システム　command-and-response system

ジョブブリーフィング　job briefing

ワークプラン（作業計画）　work plan

応急処置　first aid

心肺蘇生法（CPR）　cardiopulmonary resuscitation

緊急対応　emergency response

エアリアル・レスキュー　aerial rescue

エレクトリカルコンダクター（電気伝導体）　electrical conductor

直接接触　direct contact

間接接触　indirect contact

レッグロック　leglock method

反発力　reactive forces

キックバック　kickback

キックバックゾーン　kickback quadrant

イントロダクション　Introduction

　アーボリストの仕事は、常に安全のための適切な配慮や対策がなされていなければ、非常に危険なものとなりえます。そのため安全管理は、常に何よりも優先しなくてはなりません。これは専用道具の使用や適切な装備の着用、日々の安全ミーティング等にとどまるものではありません。安全管理とはそこに向かう姿勢であり、あらゆる段階で実施される継続的な取り組みなのです。安全管理では潜在する危険の意識的な認識、事故防止のための仕組みが必要です。アーボリストの作業全般において、安全のための予防措置が組み込まれていなくてはなりません。安全教育のための時間という小さな投資をすることで、事故による作業の中断や保険料の支払い、怪我といった損害を大幅に減らすことができます。

法と規則　Laws and Regulations

　米国では民間の事業者は、**OSHA**：Occupational Safety and Health Administration（米国の労働安全衛生局）が管理する労働安全衛生法の下にあります。カナダではOHSA：Occupational Health and Safety Act（カナダの労働安全衛生法）があります。（訳注：日本では、労働者の安全と衛生の基準を定めた「労働安全衛生法」があり、職場における労働者の安全衛生確保については、厚生労働省が管轄しています。同法は、基本的には雇用する労働者の安全衛生確保に向け、事業者（雇用主）の義務・責務等を定めています。）

　これは安全基準・規則の制定と施行、教育の規定を通して、労働災害（傷害、疾病、死亡）を減らすこ

とを目的としています。

OSHAはアーボリカルチャーの作業に関わる数多くの規則を定めています。例えば、エレクトリカルコンダクター（電線等の電気伝導体）に近接するツリーワークについての規則もあります。OSHAの規則は包括的なものであり、多様な職業を対象に規定されています。

（訳注：日本では、ロープで労働者の身体を保持してビルの外装清掃や、のり面保護工事などを行う、いわゆる「ロープ高所作業」について、下記の労働安全衛生規則（安衛則）により、作業に関わるさまざまな規定や特別教育の規定を設けています。ツリーケアの作業によってはこれに該当する可能性があります。

改正労働安全衛生規則（2016年1月1日（一部2016年7月1日）に施行、改正安全衛生特別教育規程は2016年7月1日に施行）

・ロープ高所作業規定　安衛則第539条の2
・ロープ高所作業における危険の防止のための規定

1．ライフラインの設置 安衛則第539条の2
2．メインロープ等の強度等 安衛則第539条の3
3．調査及び記録 安衛則第539条の4
4．作業計画 安衛則第539条の5
5．作業指揮者 安衛則第539条の6
6．墜落制止用器具・保護帽 安衛則第539条の7・安衛則第539条の8
7．作業開始前点検 安衛則第539条の9
8．その他
特別教育（安衛則第36条・第39条・安全衛生特別教育規程第23条））

ANSI Z133.1 はANSI：American National Standards Institute（米国国家規格協会）（訳注：日本工業規格（JIS）に相当）が定めるアーボリカルチャー業務のための基準であり、pruning（剪定）・repairing（治療）・maintaining（維持管理）・removing trees（伐木）・cutting brush（灌木／藪払い）といったアーボリカルチャーに従事するワーカーのための安全基準を定めるものです。カナダであれば、**CSA**：Canadian Standards Association（カナダ規格協会）が定める基準に従わなくてはなりません。

ANSI規格といえば、米国では一般的に知られている安全基準です。ANSI Z133.1はツリーケアの専門家で構成される委員会によって検討、更新されており、ISA：International Society of Arboriculture（国際アーボリカルチャー協会）、Tree Care Industry Association（ツリーケア事業協会）等、数多くの組織の代表者がメンバーに含まれています。

米国ではツリーケアワーカーは、このANSI Z133.1や関連するOSHA規則に精通し、それに従

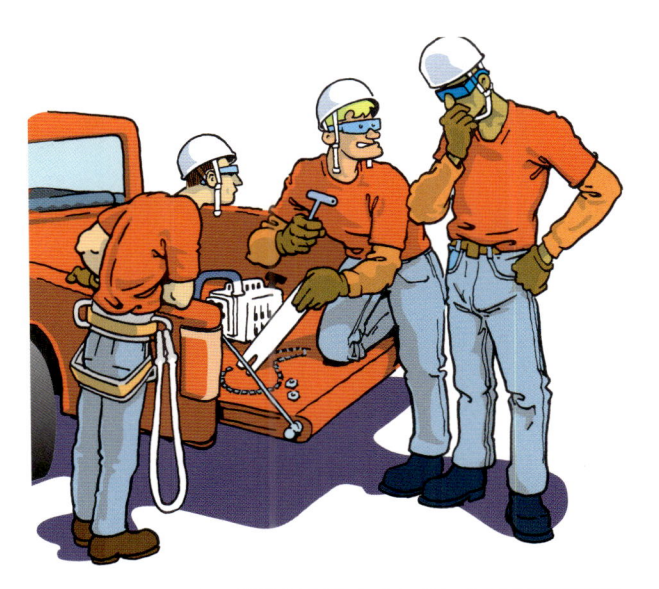

図2.1　安全教育は労働災害防止のためにとても重要です。

って行動することが求められます。州や企業によってはそれ以上に厳しい規則を設けていることもあります。カナダのツリーケア業務に関する規則も米国と似通っていますが、より厳しいものもあります。すべての安全規則と社則の整合性を持たせるのは事業者の責任です。ワーカーは自分たちが作業している国、州、地方や自治体の規則に従わなくてはなりません。ANSI規格はほぼ5年おきに改訂されていますので、そのことを認識し対応しなくてはなりません。

　米国とカナダにおいて、ほとんどの安全規則にわたって一貫している用語があります。"approved（認可された）"という語は、連邦、州、地方、あるいは地域の管轄権を持つ執行当局に容認されることを意味します。多くの場合"approved"は使用する道具に付随して見られます。ANSI Z133.1規格は、他の関連規格と整合がとられており、別の規格が表示された道具もよく目にするでしょう。

　更にこうした規格を読む際に重要な2つの単語があります。"shall（するものとする）"は義務を、"should（すべき）"は努力義務を意味します。

　なお、本書は安全基準の代わりとなるものではなく、各国・各地域で行われるツリーワークに関連する基準や規則をすべて網羅しているわけでもありません。アーボリストは自分たちが作業する地域での基準や規則に精通しておく必要があります。また基準の内容は、このテキストを含めすべての教育テキストに優先するものであるということを忘れないでください。**本書は主としてANSI Z133.1に基づいていますが、国や地域で異なる規則・基準もありますのでそれらを優先してください。**

個人用保護具
Personal Protective Equipment (PPE)

　アーボリストは作業条件や天候に応じた作業服、靴を着用する必要があります。丈夫な生地で動きやすいものを正しく着用してください。ルーズな服装では機械類に巻き込まれるおそれがあり危険です。アクセサリー類も枝や器材に引っかかる可能性があるため、身に着けないようにしましょう。

　すべてのアーボリストは、連邦政府が定める衝撃吸収性と耐貫通性の条件を満たしたヘッドプロテクション（ヘルメット）を着用するものとされています（"義務"）。これはANSI Z89.1の規定に準拠したもので、この規定ではアーボリストに対してType II（※上部・側部からの衝撃に対応）のヘルメットを要求しています。

　エレクトリカルコンダクター（電線等の電気伝導体）に近接する作業ではClass Eのヘルメット（耐電圧2万ボルト）を使用する必要がありますが、それ以外の場所ではClass Gのヘルメット（耐電圧2,200ボルト）を使用できます。

　ツリーワークではアイプロテクション（※ここでは規格に準拠したものを指す）も必須です（図2.2）。たとえ小枝であってもワーカーの眼を突くようなことがあれば、取り返しのつかない怪我となる可能性があります。チェーンソーや**チッパー**のおが屑や木っ端も、ワーカーの眼には大きな脅威となります。そのためアーボリストはセーフティグラスやゴーグルを着用しなくてはなりません（図2.3）。中には紫外線（UV）をカットするものもあります。ヘルメットのフェイスシールド（バイザー、図2.4）を好むワーカーもいますが、セーフティグラスの代わりとなるものではないとされていますので、やはりセーフティグラスの着用が必要です。

　チェーンソーやチッパーの騒音に長い間さらされ続けると、聴覚障害を引き起こす可能性があることが証明されています。程度によっては一生治らないこともあります。機械の大きな音に長時間（1日8時間としたTWA：時間加重平均値90dB）さらされるワーカーにはヒアリングプロテクション（聴覚保護具）の装着が必要です（図2.5）。アーボリストはチェーンソーやチッパーを頻繁に使うことから、その使用時には常にヒアリングプロテクション（基準を満たしたもの）を装着していなくてはなりません。種類としてはイヤーマフや耳栓タイプのものがあります（図2.6）。

　地上でチェーンソーを使用する場合はチェーンソープロテクション機能のある**レッグプロテクション**（下肢の防護）が必須です（図2.7）。タイプとしてはパンツ（ズボン）と**チャップス**があります。これらはチェーンソーの刃が接触すると生地内部の繊維が刃

に絡まって刃の回転を止める働きをします。レッグプロテクションを着用することでチェーンソーによる怪我の重症度が低くなることは証明されています。現在多くの国々や米国の企業は、樹上でチェーンソーを使う場合にもレッグプロテクション（チェーンソーパンツ）の着用を求めています。最近のレッグプロテクションは軽量化も進み薄くなってきています。またパンツ以外にもジャケットや手袋などのチェーンソープロテクションウェアも開発されています。

　また、アーボリストは、サポート力があり、滑りにくく、足元を防護する頑丈な作業ブーツを履かな

くてはなりません。さまざまなタイプの作業ブーツがあり、中にはチェーンソープロテクション機能（認可された）を持つものもあります。クライミング・スパイクを頻繁に使う場合は、スパイクが安定しやすい厚みのあるかかとで、スチールかポリマー芯が靴底に入った、土踏まずのサポートがしっかりしていて履き心地の良いブーツを選びましょう。また、フットロックを行うのに適したフラットソールデザインのものもあります。

　ツリーケア業務におけるグローブの着用についての規則はまちまちです。アーボリストにグローブの着用を求めている規則もありますが、ANSI

図2.2　アーボリストは常にヘッドプロテクションとアイプロテクションを着用していなくてはなりません。

図2.3　ゴーグルは優秀なアイプロテクションです。眼鏡の上からでも装着できます。

図2.4　フェイスシールドは飛散する破片から顔を防護します。ただし、アイプロテクションの代用品とはなりません。

図2.5　チェーンソーやチッパーを使用するワーカーはヒアリングプロテクションを装着しなくてはなりません。

図2.6　イヤーマフ付属のヘルメットもあります。耳栓もよいでしょう。

図2.7　レッグプロテクション（チェーンソーパンツ、チャップス）。ANSI Z133.1では、地上でのチェーンソー使用に際してはレッグプロテクションの着用を求めています。

Z133.1では要件とはなっていません。ソーチェーンの目立てやチッパー作業といったいくつかの作業では、グローブの着用は強く推奨されています。ただし、裾が広がった長手袋は枝に引っかかる可能性があるため、チッパー作業では着用してはいけません。また、クライミングにはグリップが良く、滑りにくいタイプのものが適しています。

ワーカー間のコミュニケーション
Good Communication

　ワーカー間の適切なコミュニケーションは安全に作業するためには欠くことのできない要素です。しっかりと連携して地上と樹上の作業を進めなくてはなりません（図2.8）。そうすることでミスやエラーを防ぐことができるのです。

　チームの1人1人が、他のワーカーが何をしているのかを常に把握し、事故が起こらないよう行動しなくてはなりません。

　クライマーとグラウンドワーカーの間で、しっかりとコミュニケーションを取ることができていれば、グラウンドワーカーがワークゾーン（ランディ

ングゾーンやドロップゾーンといった、切った枝を降ろしたり落としたりする場所）に安全に入ることができます。そのためには、コマンド＆レスポンス・システムが有効です（図2.9）。

　声に出して行う**コマンド＆レスポンス・システム**では、警告の合図（コマンド）から始まり、それに対する応答（レスポンス）、そしてその応答を確認してから行動を起こす、という手順を確実に踏みます。

図2.8　ツリーワークではワーカー同士のコミュニケーションが必要不可欠です。

図2.9　ワーカーはワークゾーン（作業エリア）に入るタイミングを確認する必要があります。コマンド＆レスポンス・システムが安全を守るために有効です。

クライマーは「スタンドクリア！（退避してください）」と警告し、「オールクリア！（全退避完了）」という応答を確認できるまで作業を進めることはありません。複数のグラウンドワーカーが作業している場合は混乱を避けるために、クライマーに応える代表者をあらかじめ1人決めておきます。

ワーカー同士の声が聞き取りづらい時には、手での合図も有効です。

仕事は毎回、**ジョブブリーフィング**（作業に関する簡単な打ち合わせ）から始め、各ワーカーの動きを調整します。ジョブブリーフィングでは、作業内容や各作業の割り当て、危険認識、またその危険をどう防ぐのか、あるいは最小限に抑えるのか、どういったPPE（個人用保護具）が必要か、等を打ち合わせます。ワーカー全員がコミュニケーションシステムを確実に理解していなくてはなりません。現場監督者は明確な**ワークプラン（作業計画）**を立て、それを伝えなくてはなりません。作業を滞りなく進めていくためには作業の割り当てに不明点があってはなりません。ツリーワークにはチームワークが必要不可欠です。

安全管理全般　General Safety

作業現場での安全管理は適切な教育から始まります。すべてのワーカーは作業に関する要件に従って十分な教育を受けていなくてはなりません。ワーカーは該当する安全規則をすべて認識し、事業者は安全な作業手順を確立し、ワーカー全員が安全要件（安全に関する要求事項）を理解しているようにしなくてはなりません。事業者は使用する道具の正しい扱い方をワーカーに教え、常に安全作業が実践されるようにしなくてはなりません。また事業者は、行ったすべての教育の記録を残しておくことが必要です。（訳注：事業者は労働者をロープ高所作業に関する業務に就かせるときは、安全のための特別の教育を行う必要があります（義務）。

特別教育の科目は、以下のとおり。
安衛則第36条・第39条・安全衛生特別教育規程第23条
　学科教育
　　1．ロープ高所作業に関する知識
　　　・ロープ高所作業の方法

　　2．メインロープ等に関する知識
　　　・メインロープ等の種類、構造、強度、取扱い方法
　　　・メインロープ等の点検と整備の方法
　　3．労働災害の防止に関する知識
　　　・墜落による労働災害の防止のための措置
　　　・墜落制止用器具、保護帽の使用方法と保守点検の方法
　　4．法令関係
　　　・法、令、安衛則内の関係条項
　実技教育
　　1．ロープ高所作業の方法
　　　・ロープ高所作業の方法
　　　・墜落による労働災害の防止のための措置
　　　・墜落制止用器具と保護帽の取り扱い
　　2．メインロープ等の点検
　　　・メインロープ等の点検と整備の方法）

すべてのワーカーは**応急処置**と**心肺蘇生法**（**CPR**：cardiopulmonary resuscitation）の教育を受けることを推奨されていますが、これが要件とされる地域もあります。また、規格に準拠した救急キットが各現場に用意されていなくてはなりません（**図2.10**）。ワーカーは救急キットの使用方法と緊急時の対応手順について教育を受けていなくてはな

図2.10　どのチームも規格に準拠した救急キットを携帯しなくてはなりません。

りません。また、緊急連絡先は現場のわかりやすいところに掲示しておきます。

チームの全メンバーが**緊急対応**の手順を教育されていなくてはなりませんし、かつ各自が緊急事態にすべきことを把握していなくてはならないのです。すべてのアーボリストは樹上での救助（**エアリアル・レスキュー**）の訓練を受け、実行できなくてはなりません。樹上でアーボリストが作業している場合は、エアリアル・レスキューを行うことができるワーカーがもう一人現場にいなくてはなりません。そのため、多くの事業体では定期的にエアリアル・レスキューの訓練を行っています。訓練を繰り返すことで技術が向上し、適切なレスキュー活動を素早く行うことができるようになり、実際の緊急事態における混乱や二次災害を減らすことになります。

ワーカーはウルシをはじめとした一般的な有毒植物を判別し、その毒に触れない対策や、また触れた場合の処置ができるように教育されなくてはなりません（**図2.11**）。刺咬性昆虫や樹上で遭遇し得る生き物に対処する方法についての教育も必要です。

トラックには消火器を装備し、ワーカーはその使用方法を教育されていなくてはなりません。ガソリンの給油はエンジンを停止して行わなくてはなりません。少しでもこぼれた燃料はエンジンをかける前

に拭き取っておきましょう。給油場所の3m以内では、機器のエンジンをかけたり使用したりしてはいけません。可燃性の液体の周囲では火気厳禁です。可燃性の液体の保管、取り扱い、補充は規格に準拠した専用容器を使用し（**図2.12**）、ロープや道具類とは別々に分けておかなくてはなりません。

ガソリン缶への給油は、缶を地面に置いた状態で行います。これを怠ると静電気による発火あるいは爆発にまで及ぶこともあり得るため、トラックの荷台や車のトランクでのガソリン缶への給油は厳禁です。

もうひとつ安全管理上考慮しなくてはならないのは交通規制です（注:米国ではthe Manual of Uniform Traffic Control Devices参照）。セーフティコーンや標識、柵、旗などを使用して、各作業現場で通行者や車両に対して通行規制を設けなくてはなりません（**図2.13**）。"ワークゾーン（作業エリア）を明確にする"ことは作業チームの責任であり、通行者やワーカーの安全のために、人や車両がワークゾーンに侵入しないよう、確実な措置が必要です。交通規制の方法や手順については、該当する連邦・州・あるいは地方の規則やDepartment of Transportation（米国運輸省）の基準とガイドラインに従わなくてはなりません。

図2.11　すべてのアーボリストはウルシやその他の有毒植物の同定、手当ての方法を教育されていなくてはなりません。

図2.12　ガソリンは規格に準拠していない容器に入れてはいけません。

（訳注：日本においては、道路上で作業する場合、道路上作業届出を道路管理者（国、都道府県、市町村等)へ届け出る必要があります。

さらに、道路上で交通規制を行い作業に取り組む場合は、管轄の警察署へ道路使用許可の申請を行う必要があります。）

感電の危険性　Electrical Hazards

どんな現場でも事前のインスペクション（調査）で、感電する危険性の有無を確認しなくてはなりません。直接、間接を問わずエレクトリカルコンダクターとの接触による傷害や死亡の可能性があるならば、エレクトリカルハザード（感電の危険性）が存在するということです。**エレクトリカルコンダクター**とは電気伝導体のことであり、通信用ケーブルや送電線、関連する構成部品や施設を含む、高架や地下埋設などのあらゆる電気設備がこれに当たります。これらのものに関しては接触した場合にはすべて感電する可能性があると考えてください。アーボリストは電気設備に関する安全知識についての適切な教育を受けなくてはなりません。さらに、エレクトリカルコンダクターと近接して作業するワーカーは、そのための教育を受けなくてはなりません。事業者

はこの教育を受けさせる責任があります。

身体のどこかが電圧のかかったエレクトリカルコンダクターと接触すれば、**直接接触**（ダイレクトコンタクト）による感電となり（図2.14）、それらと接触あるいはつながっているエレクトリカルコンダクター（金属製の道具、樹木の枝、トラック、機材、柵、ガイワイヤ（控え綱）など）に触れれば**間接接触**（インダイレクトコンタクト）による感電となります（図2.15）。

感電は、人が電圧のかかったエレクトリカルコンダクターと直接または間接接触することで、人の体を通して電気の流れる道ができてしまった場合に起こります。2つの電圧のかかったコンダクターとの同時接触でも感電は起こり、深刻なまたは致命的な災害を引き起こします。

電気抵抗のある靴底のものや架線作業員のオーバーシューズも含め、ワークブーツは感電に対する完璧な防護手段ではありません。ゴム手袋も同様です。

電動工具(バッテリー式のものを除く)は、電源コードが電圧のかかったエレクトリカルコンダクターに接触する可能性がある場合、決して使用してはいけません。道具の使用方法については取扱説明書に従ってください。なお、電動の道具を樹上で使用す

図2.13　通行車両や歩行者を守ることは安全管理の重要な要素です。

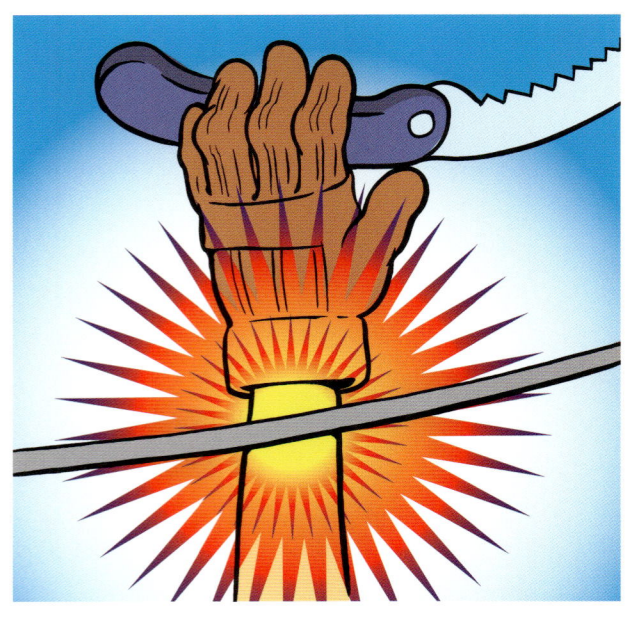

図2.14　電圧のかかった伝導体との直接接触は命に関わります。

図2.15　トラックが電線に触れている場合、間接接触で感電する可能性があります。

図2.16　安全なエンジン始動の体勢

図2.17　チェーンソーは両手でしっかり握ります。左手をまっすぐ伸ばしておくとチェーンソーをコントロールしやすくなります。

る場合は道具用のラインかランヤードでサポートすべきです。また、コードが絡んだり、水に濡れたりしないよう注意が必要です。

チェーンソー作業の安全管理
Chain-saw Safety

　チェーンソーは今日の業界において最も危険な機

械の1つに挙げられると同時に、最もよく使われているものでもあります。チェーンソーを使用することで剪定や伐木にかかる時間と労力を大いに削減できますが、クライマーとグラウンドワーカーの身を守るための対策が取られていなくてはなりません。樹上での軽率なチェーンソーの扱いは、ワーカーの怪我の元になったり、樹木に大きなダメージを与えたりすることもあります。地上でも樹上でも安全に業務を行うためには、適切な教育と安全な作業方法の厳守が求められます（図2.18）。

チェーンソー作業者は製造元が発行する取扱説明書に従ってチェーンソーを使用してください。チェーンソー作業者が着用しなくてはならない個人用保護具は、ヘルメット、ワークブーツ、アイプロテクション、ヒアリングプロテクションです。レッグプロテクション（下肢の防護）に関しては国によって規則が異なりますが、米国では地上でチェーンソーを使用する場合には、レッグプロテクションが求められます（訳注：日本でもチェーンソーによる伐木等作業を行う場合は、防護衣（防護ズボンまたはチャップス）の着用が義務づけられています）。

図2.18　全ワーカーが道具の安全な使用方法を教育されていなくてはなりません。

チェーンソーのエンジンをかける際には安全な足場を確保しておかなくてはなりません（図2.16）。周囲に邪魔になるものがないことを確認してください。エンジンをかける前に毎回、チェーンブレーキがかかっていることを確認してください。落としがけ（チェーンソーの自重を利用してエンジンをかける方法）は勧められる方法ではありません（訳注：日本では、行ってはならないとされています）。大型のチェーンソーは地面に置いてしっかりと固定し、チェーンブレーキをかけた状態でエンジンをかけてください。

両脚の間でチェーンソーを固定した状態でエンジンをかける**レッグロック**という方法もあります。

チェーンソーは地上、樹上を問わず、片手で操作してはいけません（図2.19）。常に両手で操作してください。前ハンドルは親指を回して握ります。地上で木を切るときは、左手を伸ばし右手を曲げて身体の右前側でチェーンソーを操作するのが理想です（図2.17）。チェーンソー後部を作業者の右脚で支えることもできます。チェーンソーは本体が身体の近くにある方がコントロールしやすいですし、また作業者の疲労を軽減することもできます。

エンジンがかかったままのチェーンソーから片手を離したり、2歩以上移動したりする際にはチェーンブレーキをかけなくてはいけません。作業中のちょっとした移動であっても、チェーンブレーキをかけてスロットルレバーからは手を離しておくべきです。クリーニングや燃料補給、調整などを行ったりする時には、エンジンは切らなくてはなりません（製造元の特別な指示がある場合を除きます）。またチェーンソー作業者は、周囲のワーカーの存在やその動きを認識していなくてはなりません。チェーンソー作業者に対しては、決して背後から近づいてはいけません。複数のワーカーが同時にチェーンソー作業をしている場合には、お互い少なくとも3mは離れていなくてはなりません。

チェーンソー作業者はチェーンソーの**反発力**を理解している必要があります。バーの下側で切る場合にはバーは前方に引っ張られ、上側で切る場合には作業者の方へ押し戻される力が働きます。

チェーンソーによる負傷の原因として多いのは、**キックバック**です。キックバックはガイドバー先端

の上部（**キックバックゾーン**）が丸太や何かに接触した時に起こります（**図2.21**）。作業者は常にガイドバーの先端がどこにあるのか意識していなくてはなりませんし、キックバックゾーンが物に触れないようにしなくてはなりません（**図2.20**）。チェーンソーの前ハンドルに親指を回してしっかり握っておく

ようにしてください。キックバックは人間が反応できる何倍もの速さで起こりますから、よけることは不可能です。したがって作業者はキックバックが起こっても、刃が自分に当たらないようなポジションをとっている必要があります。また決して肩より高い位置でチェーンソーを操作してはいけません。

　樹上でのチェーンソー作業にはさらなる注意が必要ですから、適切なチェーンソー教育を受けた経験豊富なクライマーだけが、樹上でチェーンソーを使用するよう制限した方が良いでしょう。チェーンソ

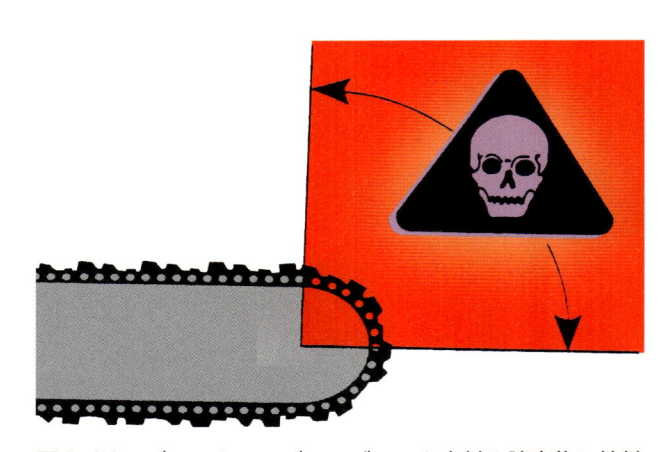

図2.20　バーのキックバックゾーンを木材や障害物に接触させないようにします。

図2.19　決して片手でチェーンソーを扱ってはいけません。

図2.21　キックバックはガイドバーの先端上部（キックバックゾーン）が木材や障害物に接触した時に起こります。

ーを使う際にはクライミングラインとは別にワークポジショニング・ランヤードなどの第2の手段で自身を確保しておかなくてはなりません。また、作業を安全にコントロールするためには、足元の安定とワークポジショニングが重要です。チェーンソーの安全作業手順である"両手ルール"、"肩より上で切らない"はもちろん守らなくてはなりません。

ワークポジショニングは樹上でチェーンソーを使用する際、安全管理上たいへん重要なものです。木を切る時には、安全かつ安定した体勢が確実にとれていなくてはなりません。通常は切る枝よりも高い位置か横にポジションを取ります。これはキックバックや切断直後のチェーンソーの振り下ろしによる負傷を避けるためです。また、クライミングラインやワークポジショニング・ランヤード、その他のロープの位置も完全に把握し、誤って切ってしまうことがないようにしなくてはなりません（図2.23）。そして最後に、切った枝が自分にぶつかってくる（ストラックバイ）ようなポジションは避けることが大切です。

グラウンドワーカーの役割
The Role of the Ground Worker

優秀なグラウンドワーカーがいなければ、どんなクライマーも樹上で満足に作業することはできません。グラウンドワーカーはあらゆるツリーケア業務において重要な役割を担っています。例えば、フリクションデバイスの設置、ラインのセッティング、ラインの回収、切った木や枝の移動、器材やラインをクライマーに送る等、その仕事は多岐にわたります。先にも述べたようにクライマーとグラウンドワーカーの間の確実なコミュニケーションが不可欠です。

樹上のクライマーとの剪定や枝下ろし・断幹作業において、ラインの操作はグラウンドワーカーの最も重要な役割のひとつです。優れたグラウンドワーカーはさまざまな目的に応じてロープを選択することができますし、基本的なノットはすべて熟知しています。ラインを安全かつ効果的に操作する能力は、現場にいるワーカーたちの安全を守るためにも不可欠です（図2.24）。

グラウンドワーカーはフリクションデバイスにリ

ギングラインを巻き付けて、その摩擦力を利用して材をコントロールしながら下ろします。作業中、グラウンドワーカーは、動いているラインに巻き込まれたり、下ろしている材に当たったりする危険がないように、リギングシステムの外側にいなくてはなりません。またラインを身体のいかなる部分にも巻き付けたりしてはいけません。

下ろしている材の下に立ち入らないのは当然ですが、それだけでは十分ではありません。もしリギングシステムを構成している何かが破損した場合に何が起こり得るのか、ということを考えていなくては

図2.22　応力のかかった枝を切る場合は注意しなくてはなりません。

図2.23　樹上でチェーンソーを使用する場合、クライマーはクライミングラインや他のロープの位置をすべて認識し、誤って切ることがないようにしなくてはなりません。

なりません。つまり、リギングシステムの"外側"にいなくてはならないということです。そうすれば、もしロープが切れたり器材の一部が破損したりしても、誰も怪我をせずに済みます。

いったん木が切り離されて落ち始めると、リギングラインには動荷重がかかります。熟練したグラウンドワーカーであれば、リギングラインを送って（流して）スピードや距離をコントロールし十分に減速させた後に材を止めることで、この動荷重を最小限に抑えることができます。もちろんこのテクニックは、この方法で荷を下ろすことができる状況でのみ使えるものです。なお、リギングロープを送る（流す）操作をする際には、常に手袋を着用すべきです。

グラウンドワーカーは、各種ラインが常にクリアな（動きを妨げるものがない）状態であるように気を配らなければなりません。ラインを踏んだり、背後からラインが送られてくるような場所に立たないのはもちろん、ライン同士が絡んだり地面の枝と絡んだりすることがないような状態にしておく必要があります。これにはロープバッグが役に立ち、ラインの汚れを防ぐ利点もあります。

グラウンドワーカーは器材をクライマーに送ったり、ラインを操作するだけでなく、クライマーが距離を判断したり作業方法を決める際のサポートもします。クライマーとグランドワーカーのチームワークが発揮されるとき、お互いが最も安全かつ効率的に作業することができるのです。

チッパー作業の安全管理　Chipper Safety

チッパーはともすれば非常に危険な機械となりますから、操作にあたっては適切な教育と安全作業事項の厳守が欠かせません。教育内容としては、日々の点検とメンテナンス、牽引手順、チッパーの始動、枝の投入、作業に伴って起こり得る危険について、といった指導が含まれなくてはなりません。操作に関する指示・警告を促すステッカーやラベルがきち

図2.24　ラインを安全かつ効果的に操作するグラウンドワーカーの能力は、その場の安全を守るために不可欠です。

んと貼られ、読みやすい状態でなくてはなりません。

チッパー作業では適切な個人用保護具（PPE）の着用が必要です。ルーズな衣類やアクセサリー、クライミングサドル、ハーネスやボディベルト、裾が広がった長手袋などは身に着けてはいけません。これらがチッパーに投入する枝に引っかかると、作業者がチッパーに引き込まれてしまう危険があるからです。

枝を投入する時は常にチッパーの横に立って作業を行い、枝が引き込まれたらいったん離れます。枝は太い方、元側からチッパーへ入れていきます（図2.25）。細かい枝は大きな枝と一緒に入れます。このとき、作業者の身体が投入口の後端から内側に決して入らないようにします。枝葉以外の異物がチッパーに混入しないよう注意してください。チッパーの刃を傷めたり、弾かれて飛び出したりする恐れがあります。

チッパーディスクやドラムがまだ動いているにもかかわらずメンテナンスをしようとして起きる事故

図2.25　枝は常に横から送り込み、枝が入ったら離れます。枝は太い方、元側から入れます。

が数多くあります。エンジンを切ってイグニッションキーを抜き、カッターホイールが完全に止まって（可能ならロックピンを挿す）動かなくなるまでは、チッパーをいじらないでください。

第 2 章　練習問題

用語の説明として、当てはまる内容（A～H）を選択しなさい。

shall（するものとする）： _____

approved（認可された）： _____

CPR： _____

直接接触： _____

should（すべき）： _____

間接接触： _____

ANSI Z133.1： _____

チャップス： _____

A．チェーンソー使用時のレッグプロテクション

B．努力義務

C．心肺蘇生法

D．電圧のかかったエレクトリカルコンダクターとの接触

E．アーボリカルチャー業務のための基準

F．義務

G．該当する安全基準を満たしている

H．電圧のかかったエレクトリカルコンダクターとつながっている物体との接触

次の文の記述内容は、正しいか誤か選択しなさい。

1　正　誤　OSHA（カナダではOHSA）は、労働安全衛生に関する規則を制定しています。

2　正　誤　ANSI Z133.1は、樹木の刈込みに関するOSHAの安全基準です。

3　正　誤　ANSI規格は米国労働局によって制定されました。

4　正　誤　樹上にクライマーがいる間のみヘッドプロテクションを着用する必要があります。

5　正　誤　アイプロテクションを装着することが望ましいですが、ツリーワークの要件ではありません。

6　正　誤　ヒアリングプロテクションには耳栓やイヤマフタイプのものがあります。

7　正　誤　ワーカーはチッパー作業中に長手袋を着用してはいけません。

8　正　誤　事業者はすべての機材について、正しい使用方法をワーカーに教育しなくてはなりません。

9　正　誤　救急キットを各トラックに搭載しておくことが推奨されますが、これは任意です。

10　正　誤　燃料補給する場所から3m以内では、機器のエンジンをかけたり操作をしてはいけません。

11　正　誤　送電線と通信用ケーブルはすべて、致命的な電圧がかかっているものとみなします。

12　正　誤　エレクトリカルコンダクターの付近で作業するアーボリストは全員、認可された教育を受けなくてはなりません。

13　正　誤　エレクトリカルコンダクターとはワイヤやケーブル、送電線、その他施設などを含め、頭上架設・地下埋設された電気設備を指します。

14　正　誤　ゴム製のフットウェアや手袋は、感電を完全に防ぐことができます。

15　正　誤　落としがけは、チェーンソー始動に推奨される方法です。

16　正　誤　地上ではチェーンソーを両手で使用しなくてはなりませんが、樹上では片手で使用することができます。

17　正　誤　燃料補給の際には、チェーンソーのエンジンを止めなくてはなりません。

18　正　誤　ガイドバーの上部先端が物に接触するとキックバックが起こることがあります。

19 **正　誤**　よく訓練されたクライマーはコンディションがよければ、チェーンソーのキックバックを素早く避けることができます。

20 **正　誤**　安全管理は、グラウンドワーカーから会社のオーナーに至るまで全従業員の責任です。

それぞれ1つずつ解答を選択しなさい。

1．致命的な電圧がかかっているとみなされるものはどれでしょう。
　　a．頭上の電線
　　b．地下の電線
　　c．電話・ケーブルTVのワイヤ
　　d．上記すべて

2．アーボリストにヘッドプロテクションが求められるのは
　　a．ツリーケア作業を行う際は常に
　　b．現場監督の指示がある場合
　　c．クライマーが樹上にいる際は常に
　　d．チェーンソーやチッパーを使用している場合のみ

3．チェーンソーのキックバックが起こり得るのは
　　a．チェーンの張りが適切でない場合
　　b．スプロケットやガイドバーが摩耗している場合
　　c．ガイドバーの先端上部が物に接触した場合
　　d．チェーンソーの刃が均等に研げていない場合

ロープとノット

Ropes and Knots

キーワード

16ストランドロープ　*16-strand rope*

24ストランドロープ　*24-strand rope*

ダブルブレイド　*double braid*

MRS（ムービングロープシステム）
　　Moving Rope System

SRS（ステーショナリーロープシステム）
　　Stationary Rope System

カーンマントル　*kernmantle*

48ストランドロープ　*48-strand rope*

32ストランドロープ　*32-strand rope*

12ストランドロープ　*12-strand rope*

ホロウブレイド　*hollow braid*

ワーキングエンド　*working end*

ランニングエンド　*running end*

スタンディングパート　*standing part*

バイト　*bight*

リード　*lead*

フォール　*fall*

ノット　*knot*

ヒッチ　*hitch*

ベンド　*bend*

エンドラインノット　*endline knot*

カラビナ　*carabiner*

クライミング・ヒッチ　*climbing hitch*

トートライン・ヒッチ　*tautline hitch*

フリクション・ヒッチ　*friction hitch*

フィギュアエイト・ノット　*figure-8 knot*

ブレイクス・ヒッチ　*Blake's hitch*

ボーライン　*bowline*

ランニング・ボーライン　*running bowline*

クローブ・ヒッチ　*clove hitch*

クローブ＋ハーフ・ヒッチ
　　clove + half hitches

スリップ・ノット　*slip knot*

シート・ベンド　*sheet bend*

ダブル・フィッシャーマンズ・ノット
　　double fisherman's knot

プルージック・ヒッチ　*Prusik hitch*

カウ・ヒッチ　*cow hitch*

ティンバー・ヒッチ　*timber hitch*

ツリーケアで使用するロープ
Ropes Used in Tree Care

　ロープはアーボリストにとって最も重要な道具と言えるでしょう。ロープの特性（強度、伸縮性、耐久性等）は、その素材と製造方法によって決まります。今日まで最も広くアーボリストに使われているロープの素材はポリエステルで、市販されているクライミングラインやリギングラインも多くはこの繊維素材でつくられたものです。近年ではカバー（外皮）にポリエステルを、コア（芯）にナイロンを使用したものも多くあります。ナイロンは高い強度、伸縮性、衝撃吸収性がありますが、濡れると強度が低下する傾向があります。天然繊維は概して最近の合成繊維ほどの強度はなく、ほとんど使われなくなっています。

　また、テクノーラやダイニーマなどの高性能な新素材はプルージックコードやテープスリングなどに利用されています。

　アーボリストのクライミングやリギングではさまざまな種類のロープが使用されています。16ストランドのロープは、厚めのカバーで荷重を支え、ロープ形状を保つコアからなる構造で、強度と耐摩耗性があります。**16ストランドロープ**（図3.2）はMRSクライミングでよく使用されるロープの1つです。

　24ストランドロープは、カバーとコアの両方で荷重を支え、カバー、コアとも編まれている**ダブルブレイド**構造が一般的です。このロープは主にクライミング用に設計されており、**MRS**：Moving Rope System（ムービングロープシステム）にも

SRS：Stationary Rope System（ステーショナリーロープシステム）にも使用できるため、よく使われています。

　ダブルブレイドロープ（図3.4）は、それぞれに編まれたコアとカバーで荷重をほぼ等分しているため、ナチュラル・クロッチリギング（クロッチ：木のまた）には向いていません。樹皮とカバーとの間に発生する摩擦抵抗によって、コアとカバーにかかる荷重に不均衡が生じてしまうからです。非常に丈夫で伸長性の低いロープですが、ブロックやプーリーの滑らかなシーブ、フリクションデバイスのボラードなどと組み合わせて使用する必要があります。

　カーンマントルロープは、コアとカバーからなり

ます。コアがほとんどの荷重を支え、カバーは主にコアを保護する覆いとしての役割を果たすよう設計されています。アーボリストが使用するカーンマントルロープというとSRSで使用する**48ストランド**のスタティックロープですが、一般的には、ロッククライミングなどで使用するダイナミックロープを指すことも多いので注意してください。

　さらに最近では**32ストランド**のスタティックロープも使用されています。このロープは48ストランドロープよりもカバーが厚く、アセンダーなどのメカニカルデバイスに対しての耐久性が向上しており、摩擦や紫外線にも強くなっています。SRS用ロープですが、一部のMRSにも使用可能です。

　12ストランドロープ（図3.3）は12本のストランドを編み込んだもので普通はコアがありません。固く編まれたソリッドブレイドの12ストランドロープ（ポリエステル）は、クライミングとリギングで使われますが、最近はあまり使われなくなってきています。一方、緩めに編まれた**ホロウブレイド**（中空編み）の12ストランドロープ（ポリエステル）は、リギングスリングとしてよく使われますが、クライミングラインやリギングラインには適していません。ロープの耐摩耗性や円形保持能力、またスプライスできるかどうかは、ロープ径に対するストランドの数と径によって決まります。

　3ストランドロープ（図3.1）は、以前はリギングに使用されていましたが、最近ではほとんど使用さ

図3.1　3ストランドロープ

図3.2　16ストランドロープ

図3.3　12ストランドロープ

図3.4　ダブルブレイドロープ

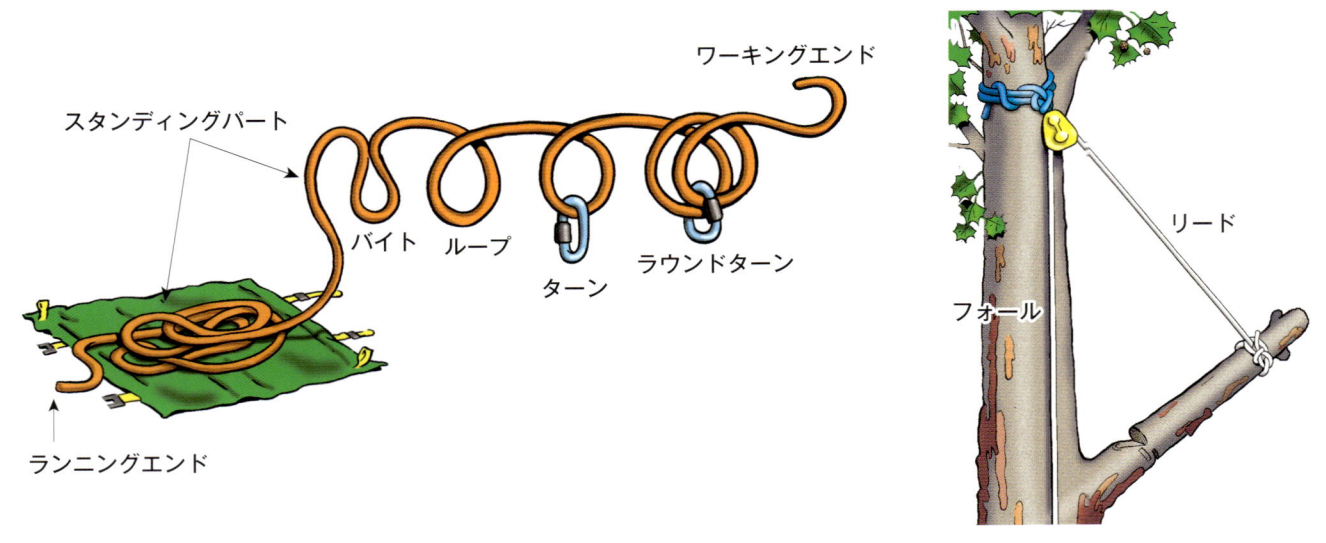

図3.5　ラインの各部分の名称。

れていません。このロープは伸長度が高く、価格は低めですが、強度が劣ります。主な欠点は、使用を重ねるうちにキンク（ねじれを引き伸ばした時に起きる折れ）が生じやすく、ストランドがよじれてしまうことやロワーリングデバイス（荷下げ用器材）との相性が良くないことです。

ノット　Knots

　アーボリストはツリーワークで使用するノット（ロープの結び）を熟知し、正しく結んで解くことができなくてはなりません。

　ロープにはそれぞれ**ワーキングエンド**（使用している側の端）と**ランニングエンド**（使用していない側の端）があります。この２つのエンド間の使われていない部分が**スタンディングパート**です。**図3.5**では、**バイト**、ループ、ターン、ラウンドターン、そして使用している側の**リード**、**フォール**といった、ロープの各部分の呼称を示してあります。

　ノットを"結ぶ"ことができるということは、ノットを正しく"ドレス"し、"セット"までできるということを意味します。ノットを"結ぶ"には、まずは正しく結びをつくることができなくてはなりません。"ドレス"とは結びの各部分を整えること、"セット"とはその結びをしっかりと締め、荷重がかかっても崩れないようにすることです。アーボリストはツリーワークの基本的なノットをそれぞれどのような場面で使うのか、またそれぞれの長所と短

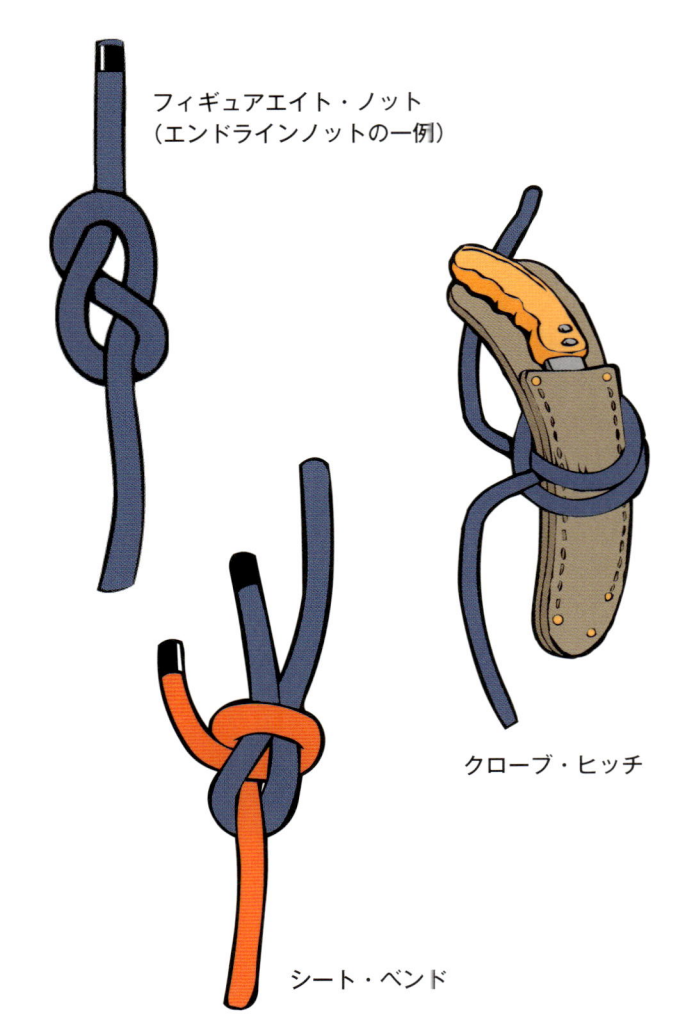

フィギュアエイト・ノット
（エンドラインノットの一例）

クローブ・ヒッチ

シート・ベンド

図3.6　ノット、ヒッチ、ベンド。

所を理解しておかなくてはなりません。

　"ノット"というのは、ノット、ヒッチ、ベンドの総称です（図3.6）。**ヒッチ**はロープを他の物やロ

ープに結びつけるのに使う結びです。**ベンド**は2本のロープの端をつなぐのに用いる結びです。ノット、ヒッチ、ベンドにはそれぞれいくつかの種類があります。

　アーボリストは**エンドラインノット**（ラインの端でつくるノット）やヒッチ、ベンドを用いてクライミングラインを**カラビナ**やロープスナップにつなぎます。また、エンドラインノットはリギングで下ろす枝を縛るのにも使用します。

　ツリークライミングにおいて重要なのは**クライミング・ヒッチ**です。クライミング・ヒッチは、クライマーが樹上を移動したり作業したりする際のポジショニング時に使用する"クライミング・ノット（フリクション・ヒッチ）"のことです。

トートライン・ヒッチ（自在結び）　Tautline Hitch（図3.7）

　長年米国のクライマーが主に使用してきたクライミング・ヒッチが**トートライン・ヒッチ**です。
（訳注：ブレイクス・ヒッチが広まる前によく使われていた結びで現在はほとんど使われていません）
・クライミング・ヒッチ（フリクション・ヒッチ）として使用。
・ストッパーノット（フィギュアエイト・ノット）が必要。
・緩んで解ける傾向がある。
・頻繁に調整しなくてはならない（気を配らなくてはならない）。

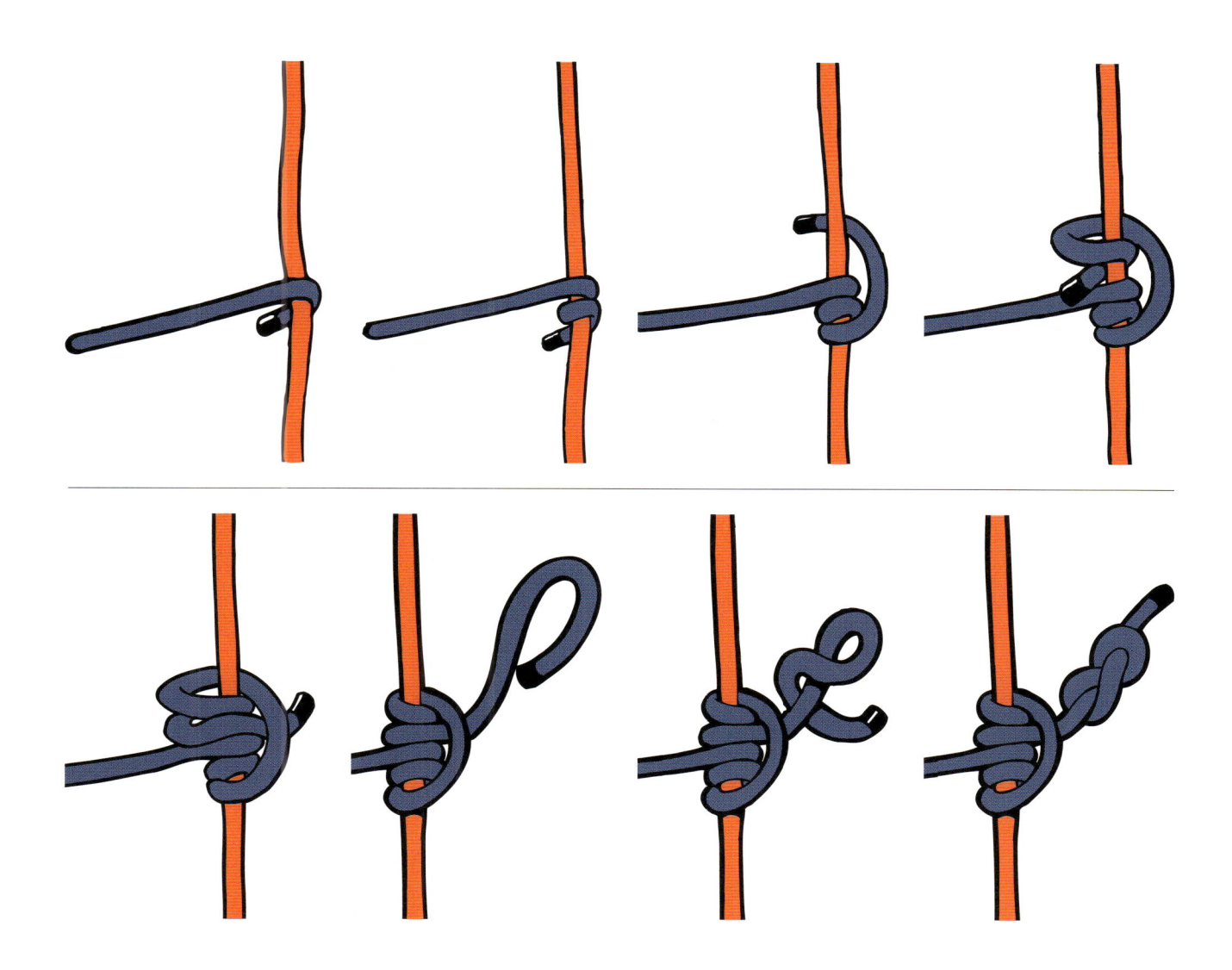

ブレイクス・ヒッチ　Blake's Hitch（図3.8）

　ブレイクス・ヒッチは比較的一定の摩擦を維持することができ、緩んで解けたりしにくいため、よく使われています。

・クライミング・ヒッチ（フリクション・ヒッチ）として使用。現在はトートライン・ヒッチに代わって使われる。

・トートライン・ヒッチに比べズレス、セットが崩れにくいため、あまり気を配らなくてよい。

・ストッパーノットが必要。

・降下時の速度が速かったり、距離が長かったりした場合に摩擦熱によってロープの表面が溶けてガラス化する傾向が高い。

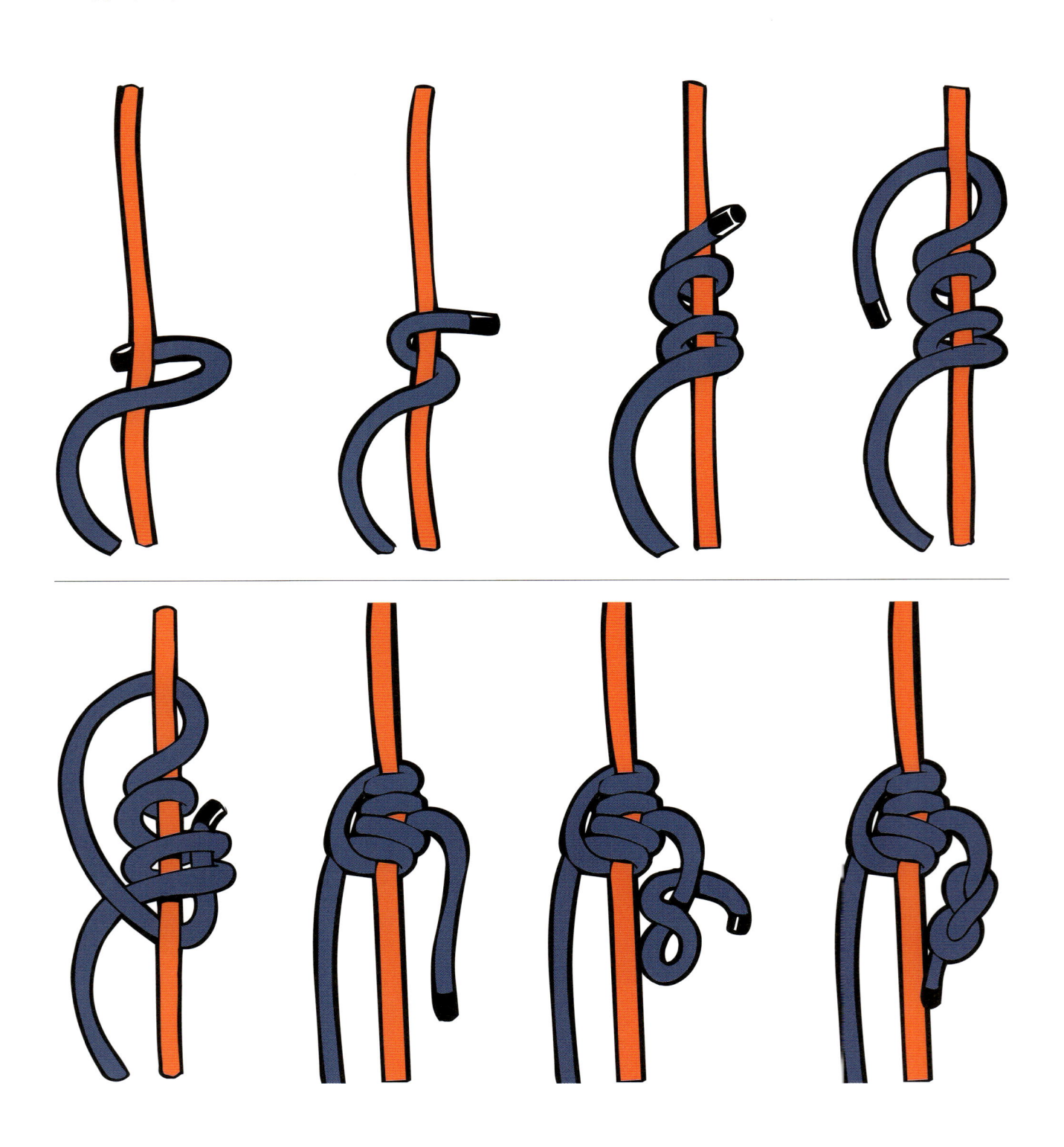

フィギュアエイト・ノット（8の字結び） Figure-8 Knot（図3.9）

・ストッパーノットとして使用。

・手早く簡単に結ぶことができるエンドラインノット。

ボーライン（もやい結び） Bowline（図3.10）

・ループをつくるのに適したノット。

・荷重がかかった後でも解きやすい。

・"ボーラインファミリー"の基本となるノット（ランニング・ボーライン（罠もやい）、ボーライン・オン・ア・
　バイト（腰掛け結び）、シート・ベンド、ダブルボーライン（二重もやい））。

ランニング・ボーライン（罠もやい結び）　Running Bowline（図3.11）

・枝を縛る際によく使用。

・離れたところにある枝などにラインをかけて結び、ロープを引くと締めることができる。

・荷重がかかった後でも解きやすい。

ミッドライン・クローブ・ヒッチ（巻き結び、徳利結び）　Midline Clove Hitch（図3.12）

・クライマーに器材を送り上げる際に使用。
・ラインの途中で手早く結ぶことができる。

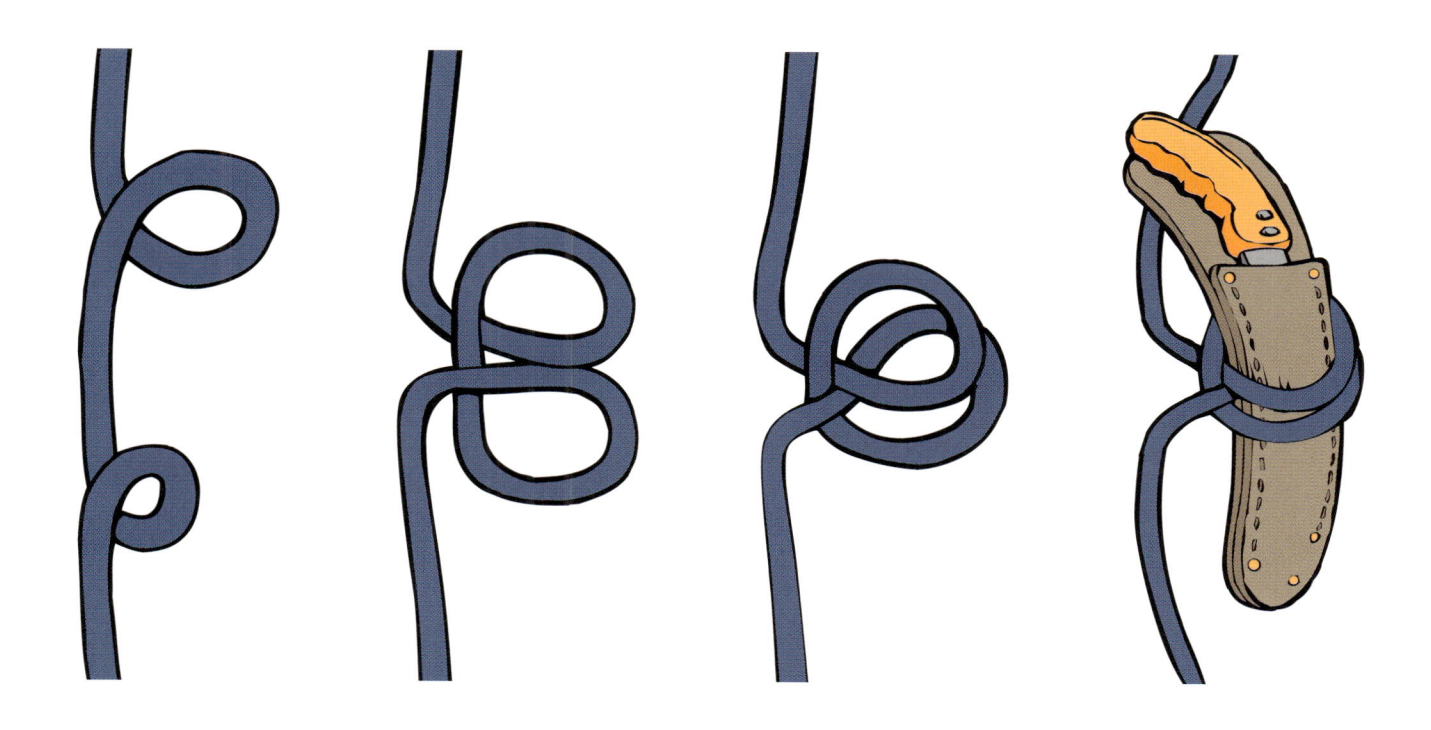

エンドライン・クローブ・ヒッチ＋２ハーフ・ヒッチ
Endline Clove Hitch with Two Half Hitches（図3.13）

・切る枝などを縛る際に使用（少なくとも２ハーフ・ヒッチのバックアップが必要）。
・手早く簡単に結ぶことができる。

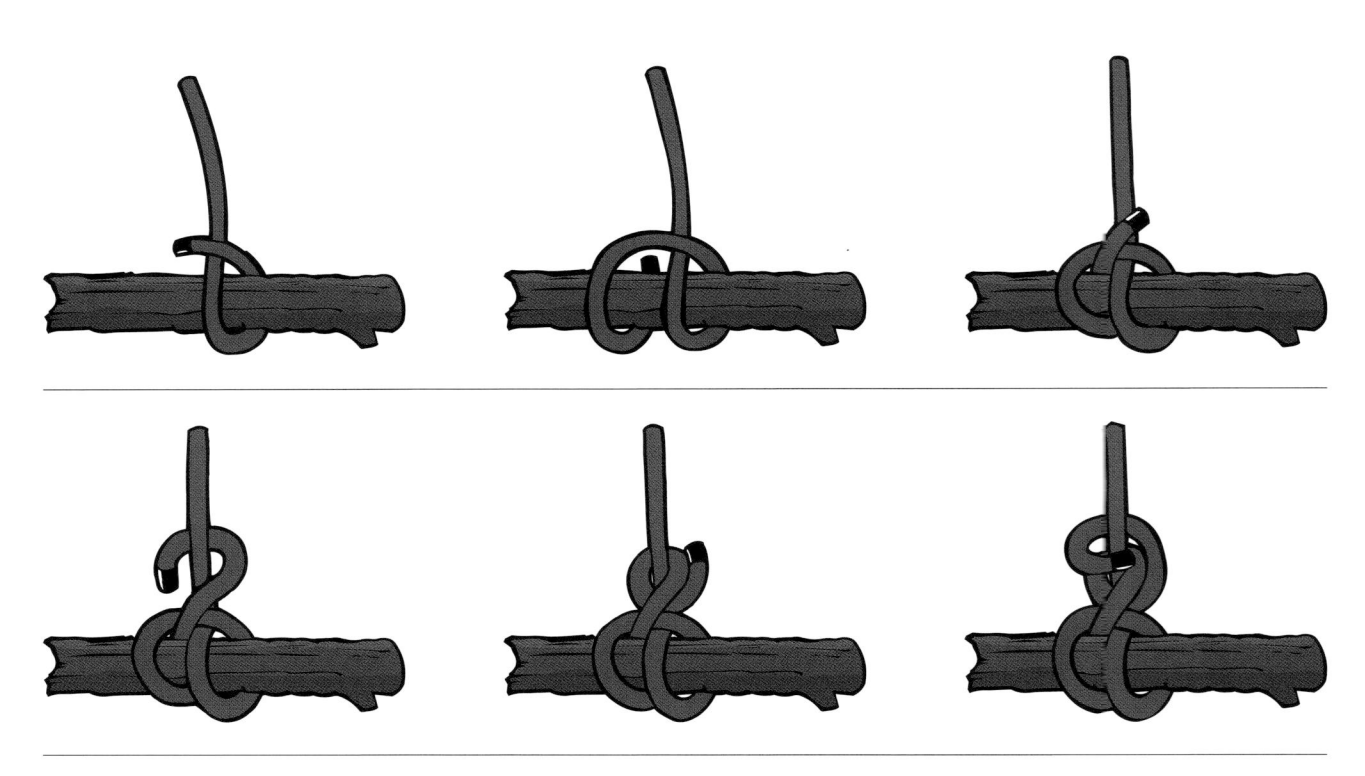

スリップ・ノット（引き解け結び）
Slip Knot（図3.14）

　たいていのノットは "スリップ" する（引っ張って抜ける）ように結ぶことができます。簡単な例を挙げてみます。図のようにループを作って、そこに折り曲げたワーキングエンドを通して締めた結びは、ワーキングエンドを引っ張って素早く解くことができます。スリップ・ノットとして知られているのはスリップド・オーバーハンド・ノット（引き解

け止め結び）です。私たちが靴紐を結ぶときに使う蝶結びはダブリー・スリップド・スクエア・ノット（二重引き解け本結び）です。

・片手でも簡単に結ぶことができる。

・経験豊富なアーボリストはこのノットに多様な使い途を見いだしてさまざまな場面で使いこなす。

・方向性のあるノット —— 一方からの荷重で固く締まるが、反対から引くと解ける。

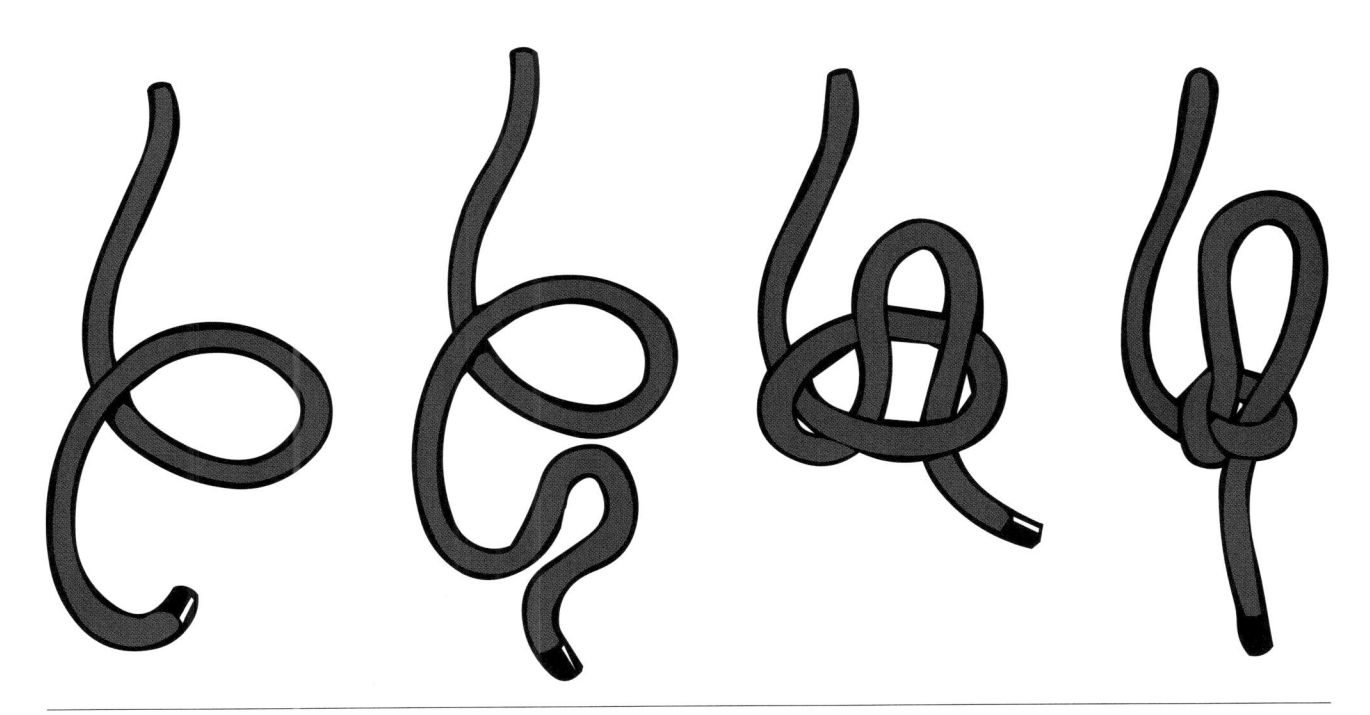

スリップ・ノット（引き解け結び）
Slip Knot（図3.14）

シート・ベンド（一重継ぎ、機結び）　Sheet Bend（図3.15）

・径が異なる2本のロープをつなぐ際に使用。クライマーにラインを送る時など。

・細い方のロープで結びをつくる。（図のオレンジ色のほうが細いロープ）

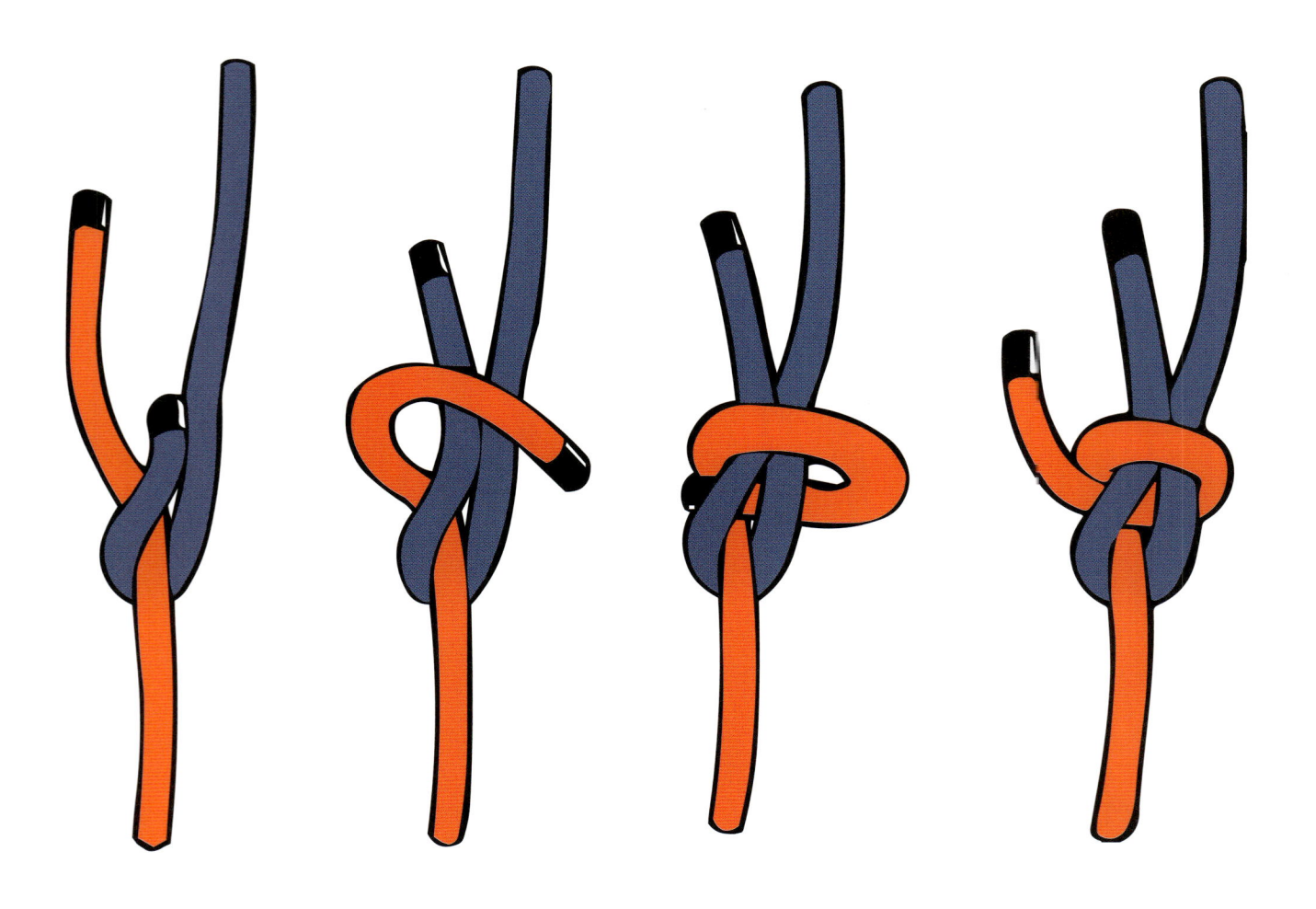

ダブル・フィッシャーマンズ・ノット（二重テグス結び） Double Fisherman's Knot（図3.16）

・荷重がかかった後、解くのが困難。

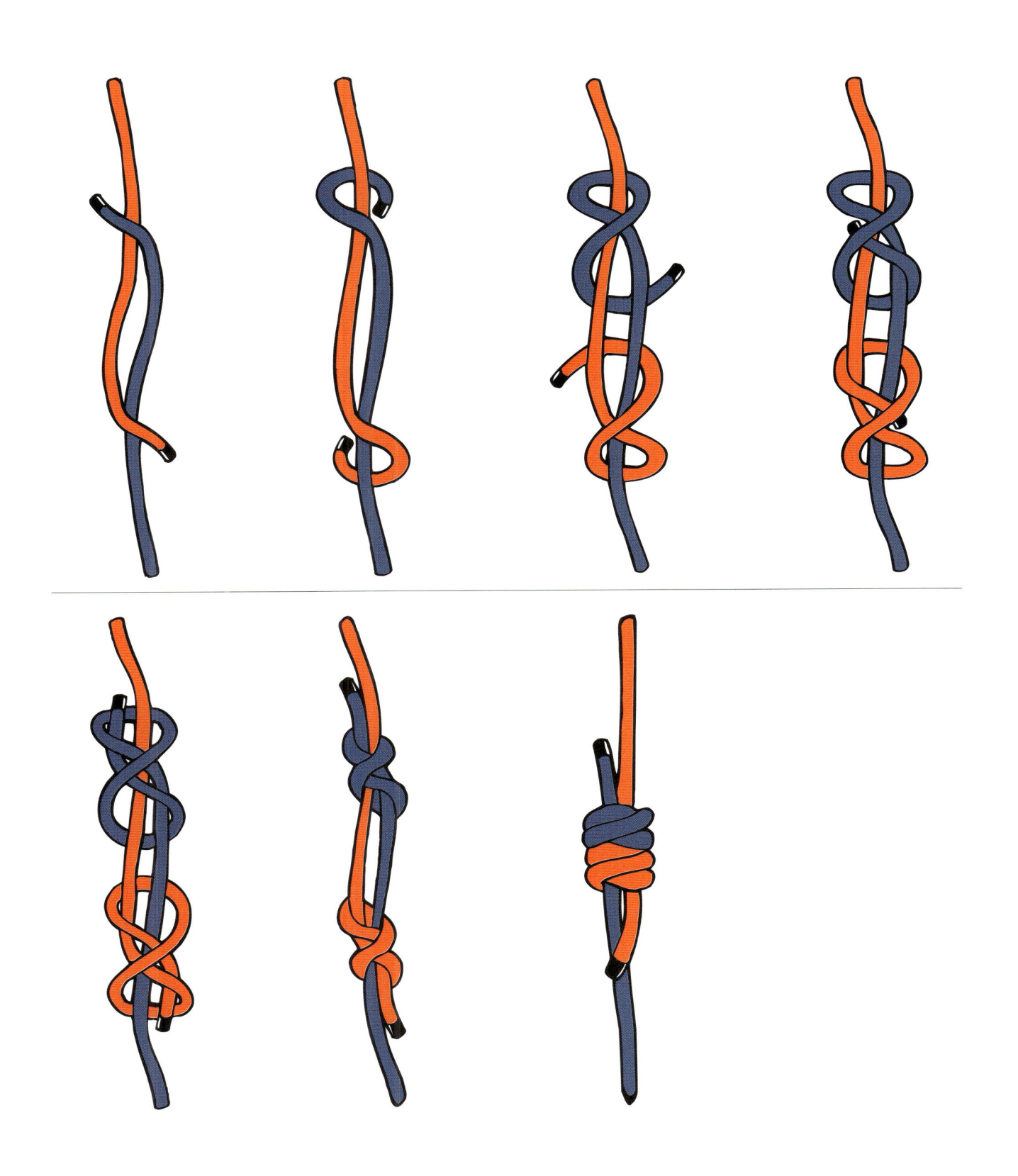

プルージック・ヒッチ　Prusik Hitch（図3.17）

・クライミング、リギングシステムの両方で使用するフリクション・ヒッチ。

・（一部の用途では）どちらの方向に引いても摩擦がしっかりかかる。

・プルージック・ループを使用する場合、結びつける対象のワーキングラインよりも径の細いループを用いる。
　ロープの種類がノットの効き方に影響する。

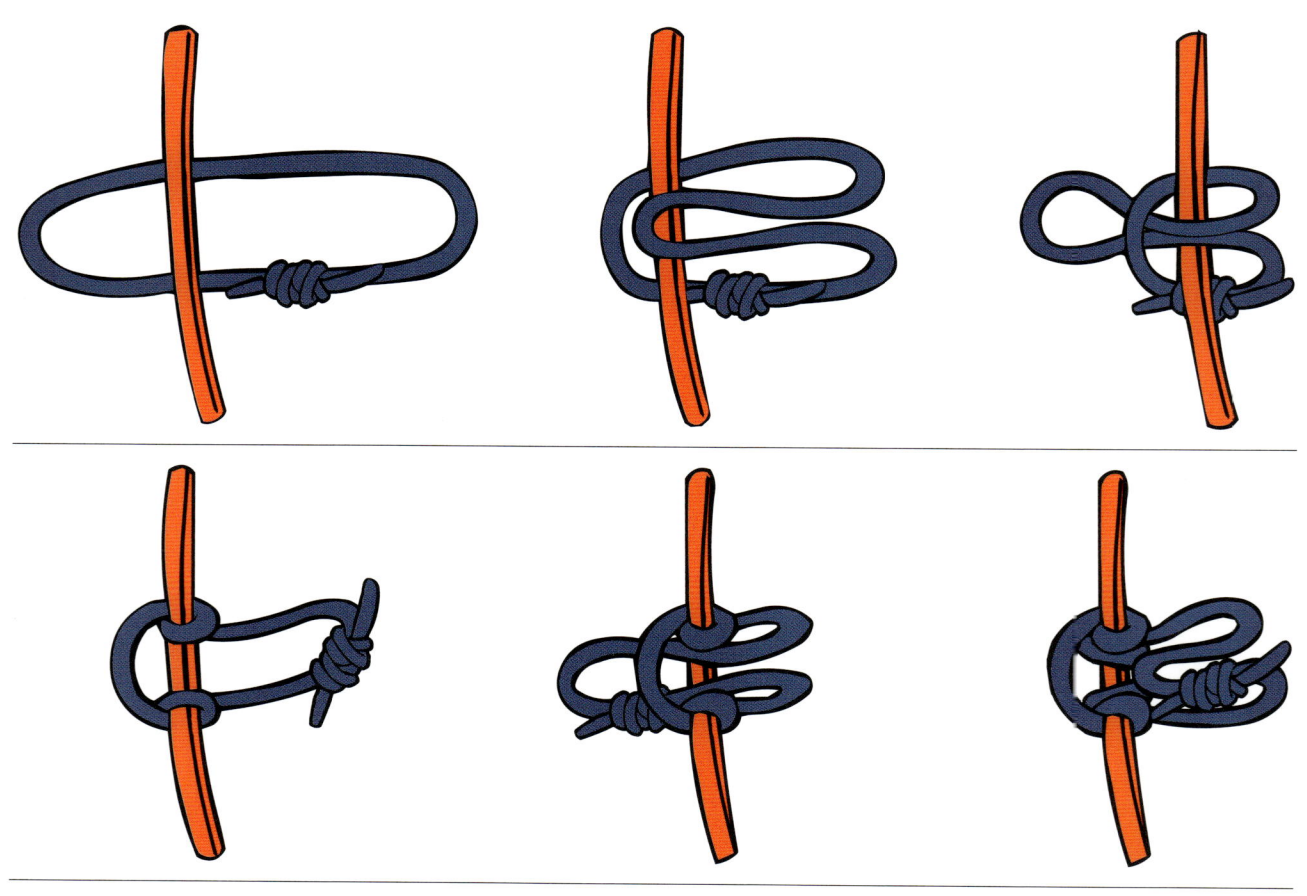

訳注：図ではダブル・フィッシャーマンズ・ノットでつくったプルージック・ループが描かれていますが、これは命を預ける（ライフサポート）ような場面（セキュアド・フットロックなど）では使うことはできません。ライフサポート用として使用するプルージック・ループは規格に準拠したものでなくてはなりません。

カウ・ヒッチ ＋ ハーフ・ヒッチ　Cow Hitch with Half Hitch（図3.18）

・スリングで樹木にデバイスを固定する際に使用。

・ガース・ヒッチをループになっていないラインでつくる変種。

・ハーフ・ヒッチはカウ・ヒッチのバイト（ロープの折り返し部分）で折り返す向き（ワーキングエンドが戻る
　向き）がベスト。

・デバイス等の引く力を掛けていい方向が全方向（マルチディレクション）。

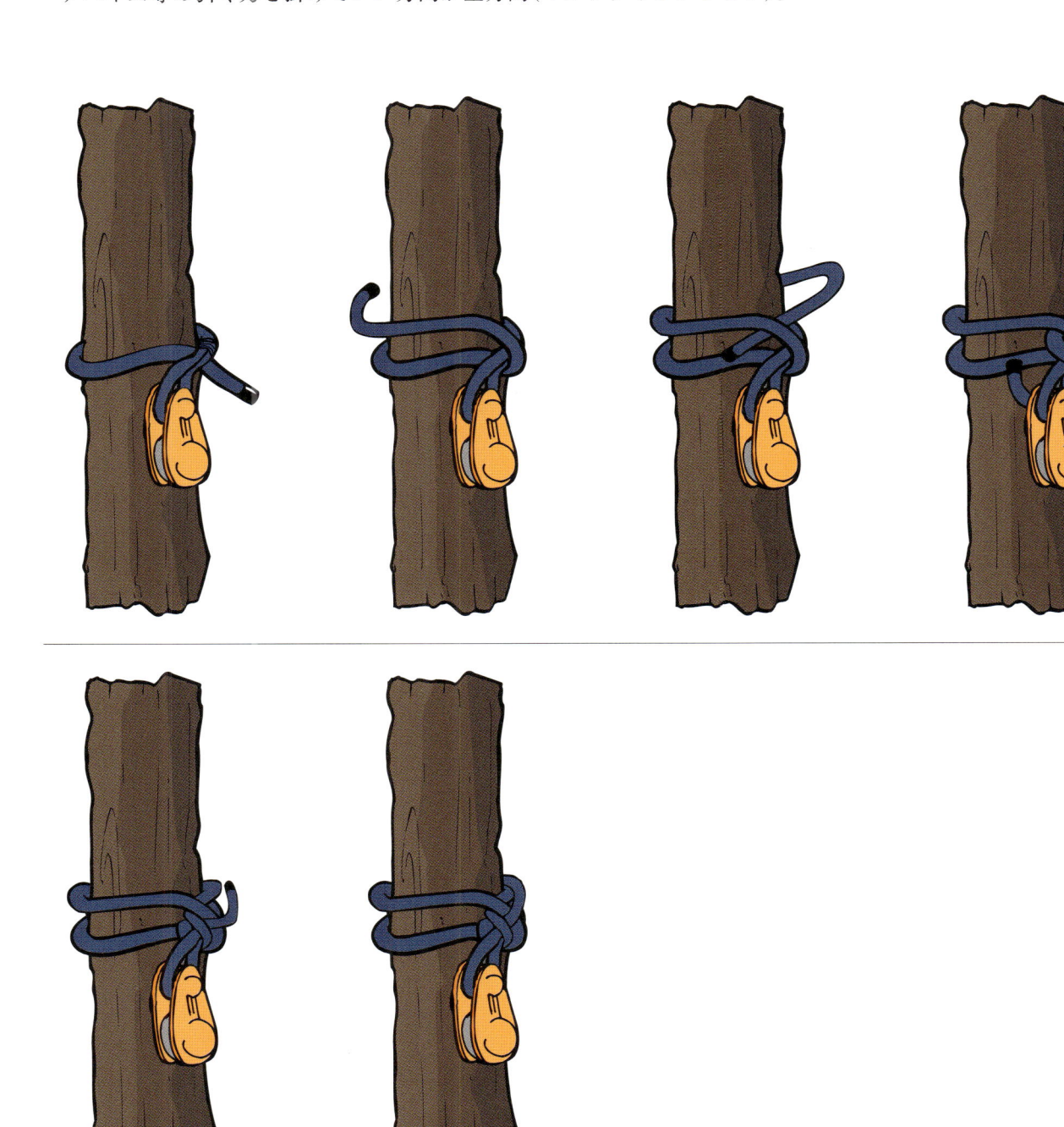

ティンバー・ヒッチ（ねじ結び）　Timber Hitch（図3.19）

・スリングで樹木に器具を固定する際に使用。（特に大きな樹木で、ロープスリングがカウ・ヒッチを結べる
　ほど長くない場合）

・常にロープを5回以上よじって、幹周り半周以上に巻き付けること。

・対象木が大径であり、また引く力が常にバイト（ロープの折り返し部分）と逆方向（下図では右方向）にかかっ
　ていることで幹でしっかりと締まり、この結びが機能する（ユニディレクション）。緩んで解けてしまわない
　よう、バイトには常にテンションがかかっている状態にしておくこと。

ハーフ・ヒッチ ＋ ランニング・ボーライン
Half Hitch and Running Bowline Tied for Butt-Hitching（図3.20）

・ランニング・ボーライン単独では外れてしまう可能性がある場合、切り離す部分を縛るのに使用。

・ハーフ・ヒッチを入れておくことで、切り離されてかかる衝撃荷重をランニング・ボーラインと分散させる
　ことができ、また、ロープが外れてしまう危険を減らすことができる。

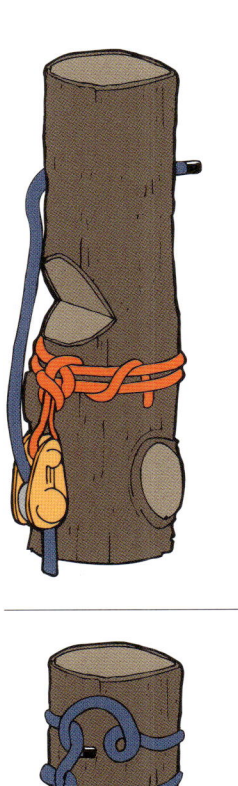  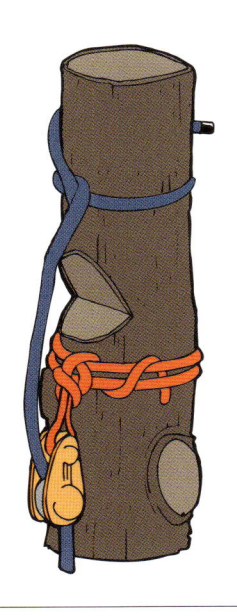 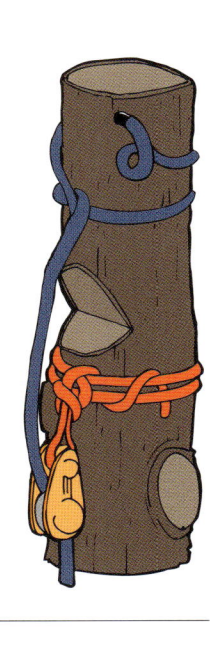

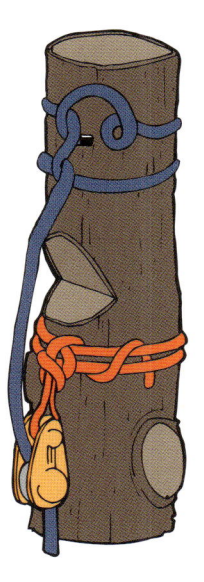 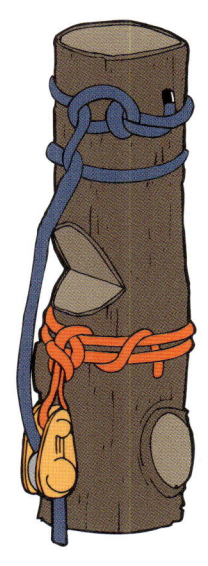 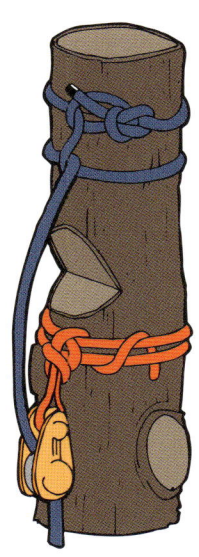

第 3 章　練 習 問 題

用語の説明として、当てはまる内容（A～H）を選択しなさい。

16ストランドロープ： ＿＿＿＿

ワーキングエンド： ＿＿＿＿

ダブル・フィッシャーマンズ・ノット：

＿＿＿＿

カウ・ヒッチ： ＿＿＿＿

フィギュアエイト・ノット： ＿＿＿＿

ダブルブレイド： ＿＿＿＿

ブレイクス・ヒッチ： ＿＿＿＿

バイト： ＿＿＿＿

A．ロープを曲げてできる屈曲部または弧

B．クライマーが使う一般的なフリクション・ヒッチ

C．デバイスを樹木に固定するのに使われる

D．コアとカバーで荷重を受ける

E．ツリークライミングでよく使われる

F．使用している側のロープ端

G．ストッパーノットとして使われる

H．ロープとロープをつなぐのに使われる

次の文の記述内容は、正しいか誤りか選択しなさい。

1．　正　誤　ポリエステルとポリエステル混がアーボリスト用ロープの素材として最もよく使用されています。

2．　正　誤　３ストランドロープは、強度が高く、高価格、そしてねじれや伸びたより糸のよじれが起こりにくいことで知られています。

3．　正　誤　ダブルブレイドロープはナチュラル・クロッチリギングに推奨されています。

4．　正　誤　ロープのスタンディングパートとは、ワーキングエンドとランニングエンドの間の使われていない部分です。

5．　正　誤　"ノット"は、ノット、ヒッチ、ベンドの総称です。

6．　正　誤　ヒッチは、ロープを物や他のロープ、同一ロープのスタンディングパートに結びつけるのに用いられる結びの種類です。

7．　正　誤　結びの "ドレス" は結びの各部分を整え、"セット" は結びを締めて崩れないようにすることです。

8．　正　誤　長年の間、米国のクライマーが主に使用しているクライミング・ヒッチはランニング・ボーラインです。

9．　正　誤　ブレイクス・ヒッチの弱みは、降下時の速度が速かったり距離が長かったりした場合に摩擦熱によってロープの表面が溶けてガラス化する傾向があることです。

10．　正　誤　枝を縛る際にランニング・ボーラインを使用する利点は、荷重がかかった後でも解きやすいことです。

11．　正　誤　フィギュアエイト・ノットは "スリップ" ノットの代表的な例です。

12．　正　誤　ミッドライン・クローブ・ヒッチはクライマーに器材を送り上げるのによく使われます。

13．　正　誤　枝を縛る際にエンドライン・クローブ・ヒッチを使用する場合は、少なくとも２ハーフ・ヒッチでバックアップする必要があります。

14. 正 誤 "スリップ"できるように結べる（引っ張れば外れる）結びはほとんどありません。

15. 正 誤 スリップ・ノットとして知られているのはスリップド・オーバーハンド・ノットです。

16. 正 誤 シート・ベンドのアーボリストの主な用途は、プルージック・ループをつくることです。

17. 正 誤 プルージック・ループを用いる場合（例えばセキュアド・フットロックの墜落防止対策
など）、ワーキングラインにプルージックを結びつけるには、小さい径のロープを使用
します。

18. 正 誤 スリングでデバイスを木に固定するためにティンバー・ヒッチで結ぶ場合、常にロー
プを少なくとも5回以上よじって、幹周り半周以上に巻き付ける必要があります。

19. 正 誤 シート・ベンドは、2本の異なる径のロープをつないだり、クライマーにロープを送
り上げたりするのによく使われます。

20. 正 誤 天然繊維は一般的には最近の合成繊維ほど強度がなく、経年による腐朽の可能性があ
ります。

それぞれ1つずつ解答を選択しなさい。

1．ロープを物や他のロープ、あるいは自身のスタンディングパートに結びつけるノットの種類は、
　a．ベンド
　b．バイト
　c．ヒッチ
　d．スリップ

2．ループをつくるのに用い、簡単に解くことができる、よく知られたノットは、
　a．ボーライン
　b．クローブ・ヒッチ
　c．トートライン・ヒッチ
　d．シート・ベンド

3．トートライン・ヒッチよりもブレイクス・ヒッチが優れている点は以下のうちどれでしょう？
　a．ドレス、セットが崩れない
　b．結びが緩んでいないかをあまり気にしなくていい
　c．緩んで解けたりしにくい（とはいえストッパーノットが必要）
　d．上記すべて

第4章
クライミング
Climbing

キーワード

個人用保護具(PPE)
　personal protective equipment (PPE)

クライミングサドル　climbing saddle

クライミングライン　climbing line

ランヤード　lanyard

カラビナ　carabiner

オートロック　Auto-locking

スナップ　snap

引張強度(ひっぱりきょうど)　tensile strength

ワークポジショニング・ランヤード
　work-positioning lanyard

プルージック・ループ　Prusik loop

スプリットテール　split-tail

ジョブブリーフィング　job briefing

ワークプラン(作業計画)　work plan

子実体(しじつたい)　fruiting bodies

サルノコシカケ　conks

ルートクラウン(根張)　root crown

トランクフレア(根株)　trunk flare

クライミング・スパイク　climbing spike

スローライン　throwline

スローバッグ(スローウェイト)　throw bag

スローイング・ノット　throwing knot

ボディ・スラスト　body-thrust

D環　D-ring

マイクロプーリー　micropulley

セキュアド・フットロック　secured footlock

フットロック　footlocking

アンカーポイント　anchor point

高枝切りノコギリ(ポールソー)　pole saw

高枝切りバサミ(ポールプルーナー)
　pole pruner

フォルス・クロッチ　false crotch

ブレイクス・ヒッチ　Blake's hitch

トートライン・ヒッチ　tautline hitch

ストッパーノット　stopper knot

フィギュアエイト・ノット　figure- 8 knot

ダブル・クロッチ　double-crotch

鞘(さや)(スキャバード)　scabbard

クローブ・ヒッチ　clove hitch

緊急対応　emergency response

エアリアル・レスキュー　aerial rescue

レスキューキット　rescue kit

アクセスライン　access line

イントロダクション　Introduction

　アーボリスト(樹護士)という職業は危険を伴いますが、適切な訓練を受け、安全基準や手順を守ることで、樹上でも安全かつ効率的に作業することができます。クライマーはクライミングの前にまずすべての器材を点検します。そして作業を行う対象木そのものに危険がないかを調べ(樹木と現場の事前調査)、チームの全員がその結果を把握していなくてはなりません。またクライマーはタイイン(自分の体を確保して作業できる状態に)するポイントや、作業方法・手順についてあらかじめプランを考えておきます(作業計画)。この事前の準備をすることで、作業の労力を減らすことができ、事故防止にもつな
がります。

　ツリークライマーは、その作業に該当するあらゆる安全基準(米国ならば、特にANSI Z133.1の最新版)を熟知し、遵守しなくてはなりません。

　本書はアーボリカルチャーの入門書にすぎません。基礎的な技術をひととおりまとめたものですが、この1冊ですべてを網羅しているわけではありません。器材やテクニックについて説明・図示していますが、これを読んだからと言ってすぐに現場で実践に移すのは危険です。実際の作業現場で取り入れる際には、事前に理解を深め、安全な場所で経験を積んでおく必要があります。また本書で取り上げた技術がそのまま現場で使えるとは限りません。作業現

場の環境などに合わせて検討し、必要に応じて変更しなくてはならない場合もあるでしょう。

ともあれ、自分の仕事の内容が該当する、国や自治体の基準や要件をきちんと把握しておいてください。また、ISAではさまざまなトレーニングツールを提供していますので、ぜひ活用してください。

ギア・インスペクション（器材の点検）
Inspection of Gear

アーボリストの安全は安全装備の信頼性にかかっています。ワーカーの安全装備は**個人用保護具**（**PPE**：personal protective equipment）と呼び、ヘルメット、セーフティグラスやゴーグル、イヤーマフ（ヒアリングプロテクション）、チェーンソー防護服等が含まれます。ツリーケア業務を行うワーカーは、安全基準を満たしたヘルメットとアイプロテクションを常に着用することになっています。

クライミングの装備や器具を含めてアーボリストが使用する器材はすべて、該当する安全基準に準拠していなくてはなりませんし、改造を加えたりすべきではありません。器材は製造元のガイドラインに従って点検します。

クライミングサドル（図4.1、図4.2）は過度な損耗がないこと、縫い目やリベットの取り付けがしっかりしていて損傷を受けていないことを確認します。

クライミングラインや**ランヤード**を確保する**カラビナ**はダブルロック以上の**オートロック式**（自動閉鎖・自動ロック式）でなくてはなりません。ランヤードに使用する**スナップ**（図4.3）もダブルロック以上（推奨）のオートロック式（自動閉鎖・自動ロック式）でなくてはなりません。いずれも最低23kNの**引張強度**が必要です。カラビナやスナップは使用前だけでなく使用中にも正しく機能していることを確認してください。カラビナは常にメジャーアクシス（長軸）方向だけに荷重がかかるようにします。マイナーアクシス（短軸）方向に荷重をかけてはいけません。

※ ANSI Z133.1では22.24kN以上と規定されています。

クライミングラインは、ツリークライミングに適した十分な強度、耐久性、伸縮性が必要です。米国のANSI Z133.1規格では、クライミングラインは

図4.1 サドルのサイドについているD環にポジショニング・ランヤードを取り付けます。

図4.2 このレッグストラップサドルは、フロントのフローティングアタッチメントポイント（ブリッジ）と、サイドの固定D環を備えています。

径11mm以上、24kN以上の引張強度があり、メーカーがクライミング用と認めたものでなくてはなりません。

クライミングラインは使用前に毎回点検してください（図4.4）。切り傷やほつれ、擦れ、径の異常、退色、溶けた繊維がないかなどを調べます。ロープの端がテーピングや熱処理等でしっかりと留められてストランドが解けないようになっていることを確認してください。ラインの摩耗が偏らないように、ワーキングエンドとして使用する側を定期的に替えるのもよいでしょう。

ラインの比較的エンドに近いところでの損耗であ

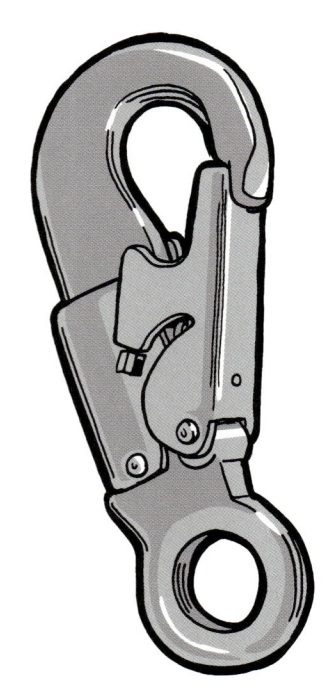

図4.3　ランヤードに用いるスナップはダブルロックのタイプを推奨しますが、少なくともシングルロックのオートロック式でなくてはなりません。

れば、その部分は切って破棄します。スプライス部分の点検も忘れず入念に行ってください。古すぎたり、損耗や切り傷があったりするロープは使用してはいけません。

　ワークポジショニング・ランヤード（**図4.5**）もクライミングの前に毎回、丁寧に点検しなくてはなりません。各パーツはロープとカラビナに求められる強度を満たしていなくてはなりません。ロープに擦れや過度の損耗、カラビナの不具合などがないかよく確認してください。

　クライミングシステムで使用する**プルージック・ループ**と**スプリットテール**は、クライミングラインの最低強度基準と同等のものを満たしていなくてはなりません。

　アーボリストが使用する器材はすべて、事業者が求める安全要件と、ANSI（米国国家規格協会）が定めるアーボリストのための規格、あるいは現場の管

図4.4　クライマーは使用前に毎回クライミングラインを点検しなくてはなりません。過度な損耗や切り傷があるロープは廃棄してください。

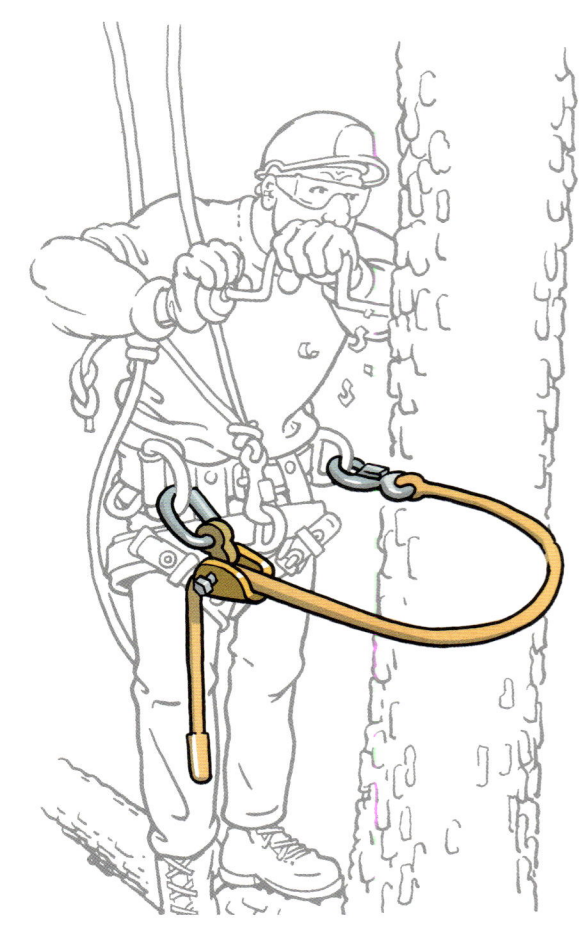

図4.5　ワークポジショニング・ランヤードにはさまざまなタイプがあります。

轄区域における同等の基準に準拠したものでなくてはなりません。また、すべての器材は該当するANSIガイドラインと製造元の取扱説明書に従って点検してください。

ツリー&サイト インスペクション（樹木と周辺の調査） Inspection of the Tree and Site

作業は毎回、**ワークプラン（作業計画）**や危険予知、必要な器材、作業手順といった内容について確認する**ジョブブリーフィング**（作業に関する簡単な打ち合わせ）から始めなくてはなりません。クライマーはクライミングの前に必ず、周辺をしっかりと調査・観察して、エレクトリカルコンダクターやユーティリティーライン（電気やガス、水道などの設備）の位置を確認しておかなくてはなりません（**図4.6**）。また枯れ枝や折れた枝、裂け、虫や動物、枝の結合部が弱っているもの、**子実体(サルノコシカケなど)**といった腐朽の兆候などの危険がないか調べます。

対象木の**ルートクラウン（根張）**、**トランクフレア（根株）**も必ず調べます（**図4.7**）。土や樹皮、つる植物などで腐朽の兆候や症状が隠れているかもしれません。著しい根腐れがあると倒木の可能性があります。

この事前のインスペクション（調査）の結果は、当然クライミングの計画にも反映させます。木に登る前にクライミングルートを計画し、樹上にアクセスするための安全なタイインポイントを前もって選んでおくべきです。経験豊富なクライマーはさまざまな樹木の特性に精通しているものですが、特に木質部の強さ・もろさを見極められるというのは大切なことです。

アセント（登る） Ascent

対象木、現場全体、そしてクライミングギアのインスペクションを行って安全を確認できたなら、クライミングの計画を立てることになります。樹木に登る方法はさまざまです。クライミングラインやハシゴ（**図4.9**）、**クライミング・スパイク**（スパイクは伐木する場合に限る）等を使用しますが、どの方法にも有利・不利があります。クライマーは樹木に登る最中や樹上での作業中は、常にタイインするか別の手段で自身を確保していなくてはなりません。

図4.6 作業を始める前に感電する危険がないか確認してください。電線の近くで作業するには適切な教育を受けていなくてはなりません。

図4.7 クライマーはクライミングの前に必ず、樹木とその根張り部分を調べ、危険がないか確認しなくてはなりません。

図4.8　どんな樹木にもさまざまな危険が潜んでいる可能性があります。この絵の中でいくつ見つけられますか？

タイン方法の1つとして、2本のランヤード（あるいは2in1ランヤード）を使えば、1本目のランヤードをかけ直さなくてはならない場合に2本目のランヤードで確保することができます。エレクトリカルコンダクターがある場合は、その反対側でクライミングしなくてはなりません。

　樹上にロープをセットするには**スローライン**を使用します（**図4.10**）。スローラインに結んだ**スローバッグ**（スローウエイト）は、技術があれば20m以上の高さの木のまたへかけることもできます。スローバッグの重さは色々ありますが、その場の状況や個人の好みに合わせて選びます。

　目的の木のまたにスローラインを通すため、アーボリスト達はスローイング方法やスローバッグを打ち上げる道具、スローラインを操る方法等、数多くのテクニックを生み出してきました（**図4.11**）。基本的にはスローラインはスローバッグの重さで地上へと落ちてきますが、掛かっている木のまたや枝との摩擦が大きかったり、引っ掛かりがあったりすると、クライマーがスローラインを操ってスローバッグを下ろさなくてはならないこともあります。目的

図4.9　クライマーがハシゴを上るときもクライミングラインをタインして上ります。またその間は必ず、もう1人のワーカーがハシゴを支えていてください。

図4.10　スローラインにはさまざまなテクニックやトラブル対処法があります。シングルハンドスロー。

のまたにスローラインを通すことができたら、クライミングラインをスローバッグ側のスローラインにつないで引き上げ、スローラインと入れ替えます。

スローイング・ノットを使って、クライミングラインを直接投げることもあります。投げ上げるポイントがそれほど高くなく、間に邪魔になるものがなければ、それが一番単純で簡単な方法でしょう（**図4.12**）。ノットと言ってもこれはロープの巻き方の

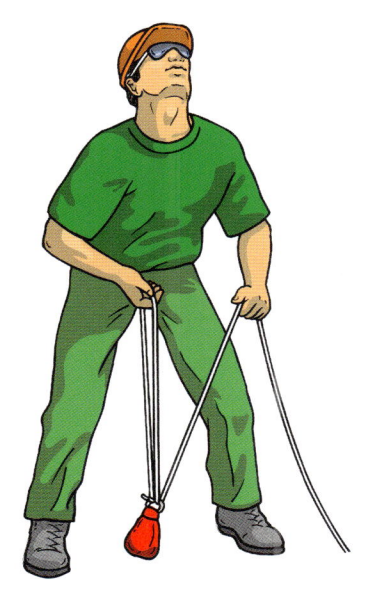

図4.11 ダブルクレイドルスローのスローラインテクニック。

図4.12 スローイング・ノットを使ってクライミングロープを樹上へ投げ上げることもあります。

1つで、ロープを端でまとめて重りにすることで投げやすくするものです。スローイング・ノットはオープンフォームでもクローズドフォームでも使えます（**図4.13**）。オープンフォームにしておくと落ちてくる際に自重で解けますが、クローズドフォームだと解けずにまとまったまま落ちてきます。

ロープをセットできたら次は登り（アセント）ですが、その方法はいくつかあります。ここでは、ロープを使って登る**ボディ・スラスト**（**図4.14**）と、ロープそのものを登っていく**セキュアド・フットロック**を紹介しますが、他にもその2つの応用や、アセンディング・デバイスを使用するテクニックもあります。

ボディ・スラストではクライミングラインを、サドルのフロント**D環**やリングに取り付けます。これにはダブルロックカラビナを用います。（訳注：最近は、フロントD環のあるサドルはほとんど見かけなくなりました）

ボディ・スラストにはテクニックを要します。まずラインを握り、幹に両足を高く上げます。そこで腰を上に押し上げて、ラインを引っ張るとクライミング・ヒッチ側のラインがたるむので、クライミング・ヒッチを押し上げてそのたるみをなくして、ラインを張った状態に戻します。ボディ・スラストで上半身の強さに頼り切ってしまってはいけません。そうした登り方では体力を消耗してしまうため、樹上に到達した時には疲れ果ててしまっているかもしれません。クライミング・ヒッチの下に**マイクロプ**

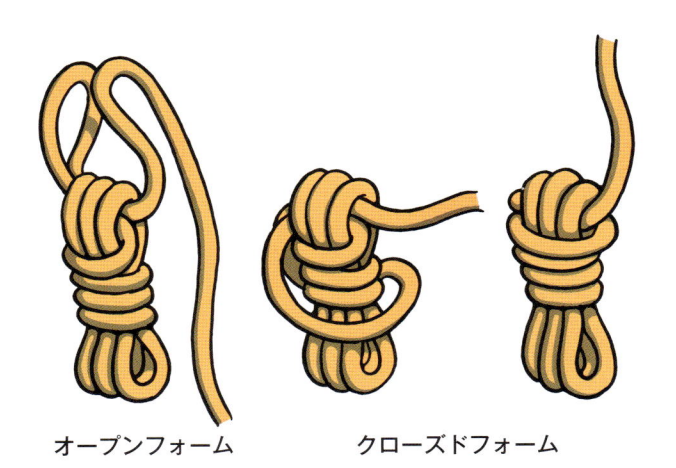

オープンフォーム　　　クローズドフォーム

図4.13 スローイング・ノットは、オープンフォームにもクローズドフォームにもすることができます。

訳注：ブレイクスヒッチの下を
　　　握りましょう

図4.14　ボディ・スラスト（左）、フットロック（右）
（訳注：フットロックの代わりにフットアセンダーを使って登る方法もあります）

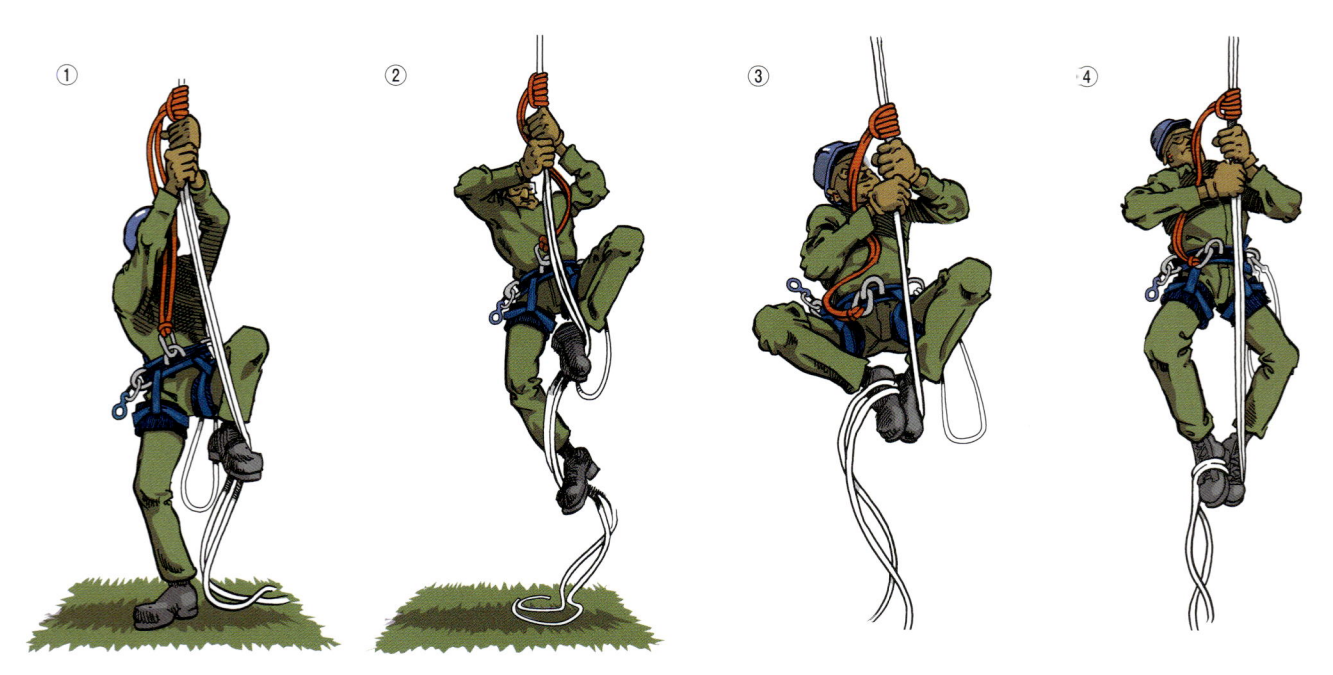

図4.15　セキュアド・フットロック

ーリーをつけておくと、クライミング・ヒッチを押し上げてたるみを取る操作をグラウンドワーカーがアシストすることもできます。

もう1つの方法のセキュアド・フットロック（図4.14の**フットロック**とは別の方法）ではロープそのものを登っていくため、登り終わるまで木に触れることがないかもしれません（**図4.15**）。このテクニックではプルージック・ループで身体を確保しておくことで、フットロックを安全に行うことができます。プルージック・ループをクライミングラインにプルージック・ヒッチ（あるいは器具を使用）で結び、ダブルロックカラビナでサドルのフロントD環に取り付けます。これがクライマーを確保しておく手段として機能します。

登り方は**図4.15**を参考にしてください。①プルージック・ヒッチが手の上にくるようにしてクライミングラインを高い位置で握って立ち、片足（図・左足）を上げて膝の内側と足の甲の上をロープが通るようにします。②そして膝を広げて両足を高く上げ、もう一方の足（図・右足）で下からロープをすくって最初の足（左足）の上に引き上げます。③そのまま最初の足（左足）の甲にのせて踏み込むとプルージックが緩みます。④そうしたらクライマーはプルージックを手で押し上げながら立ち上がり、またその一連の動作を繰り返して登っていきます。このとき、クライマーの手は常にプルージック・ヒッチの下になくてはなりません。プルージック・ヒッチを握ったり、ヒッチの上を持ったりすると、ヒッチが緩んで落下してしまう危険性があります。

登り終わったら樹冠の中での移動に移っていきますが、システムを切り替える場合には危険が伴うので、プルージックを外す前にワークポジショニング・ランヤードを使うなどして、自身を確保しておかなくてはなりません。フットロック用のロープをセットしたポイントよりも下に枝があれば、その枝を足場にしてエントリーすることもでき、足がかりにすれば移動もしやすいでしょう。

クライミング・スパイクを使用するアセンド方法もありますが、スパイクの爪が木にダメージを与えてしまうため、その木が伐木対象である場合かエアリアル・レスキューの際にのみ使用を認められています（**図4.17**）。当然のことですが、ランヤードも

図4.16 セキュアド・フットロックを終えて木へと移る時、クライマーは自身を確保した状態を維持しておかなくてはなりません。

図4.17 クライミング・スパイクは樹木の形成層や維管束細胞にダメージを与えてしまうため、伐木対象木のみで使用すべきものです。

使用しない、クライミングラインでのタイインもしていない状態で、スパイクで登ってはいけません。ランヤードにはさまざまな長さやスタイルのものがあります。ラインが硬くてたわまない鋼線芯入り（ワイヤコア）のものもありますが、このタイプはエレクトリカルコンダクターの周囲で使用することはできません。またチェーンソーに対する切断防御機能を期待してはいけません。

大きな木に登る際はクライミングラインを掛け替えなくてはならないこともよくあります。その間、クライマーはワークポジショニング・ランヤードで自身を確保しておかなくてはなりません。別の方法としては、リクロッチする（別のまたに**アンカーポイント**を掛け替える）時にクライミングラインの反対側の末端を使用する方法があります。そうすれば、タイインした状態を保ったままリクロッチすることができます。ただ大きな木の場合、基本的には別のラインを使用し、登ってきたラインはアクセス用、あるいは緊急時の降下用ルートとして残しておくべきでしょう。

樹上でさらに高い位置にクライミングラインをセットしなければならないことがよくあります。ロープを投げる方法やポールを使う方法もありますが、**高枝切りノコギリ**（ポールソー）や**高枝切りバサミ**（ポールプルーナー）を使用する場合は、刃の部分がロープに当たることがない（刃を出した状態で使用しない）よう細心の注意を払ってください（**図4.18**）。中には刃がついていない、ただのフック状になった"ポールソー"を使うクライマーもいます。

タイイン　Tying In

タイインとは確実なアンカーポイントに設置されたメインロープで体を確保することです。タイインする場所の選択は非常に重要です。基本的には高くて樹木の中心寄りの位置にアンカーポイントを取るのが望ましく、そうすることで自由に動くことができ、より多くのポイントにアクセスしやすくなります。タイインポイントが高ければ高いほど、枝の先の方まで移動することができます。作業場所の真上でタイインすれば、最も作業がしやすいでしょう。また、クライミングラインが直立状態に近いほどクライマーは安全です。スリップしたり、落下したり

訳注：ランヤードの使用が必要です

図4.18　投げづらい角度の場合、ポールを使ってクライミングラインを高い位置にかける方法もあります。スローイング・ノット（クローズドでもオープンでもよい）をポールの先に引っ掛けてラインを上げるのですが、このとき、刃がロープに当たらないよう細心の注意を払ってください。また、クライマーは常に自身を確保した状態で作業しなくてはなりません。

図4.19　タイインポイントが高ければ高いほど、枝の先まで移動できます。作業場所の真上でタイインできれば最も作業しやすくなります。スリップしたり、落下してしまったりした場合に電線に向かってスイングするような木のまたにタイインしないことがとても重要です。

してしまった時のことを考えてみてください。間違っても送電線に向かってスイングするような木のまたにはタインしないことです。

　タインに選ぶ木のまたは、ロープが通りやすいようにある程度広がっている方が良いでしょう。樹種や木質部の強度により異なりますが、枝の太さは一般的には、主な支えとなる太い方の枝（メインブランチ）や幹は直径10cm以上あるべきです。クライミングラインがメインブランチあるいは幹を回って細い方の枝（幹に対しては側枝）の上を通るようにセットします（図4.20）。こうしておけば、クライマーの体重のほとんどはメインブランチまたは幹にかかるため、より確実です。

　木のまたに直接ロープをかけるのではなく、フリクションセーバーなどの器具を使って**フォルス・クロッチ**でタインするのが基本です。フォルス・クロッチを使えば、ロープの摩耗や樹木へのダメージを軽減できますし、クライミングもしやすくなります。

　基本的なクライミングシステムの場合、クライミングラインの末端を長めにとり、適当な位置でカラビナに連結するためのアイをつくります（スプリットテールを使用する場合は、このアイから末端までがスプリットテールに置き換わります）。残しておいたテールでもう一方の側（スタンディングパート）

にフリクション・ヒッチで結びつけます。**ブレイクス・ヒッチ**や**トートライン・ヒッチ**などのオープンエンドノット（終端がフリー、つまり抜ける可能性がある結び）でタインする場合は、クライミング・

図4.21　タインする時、通常クライミングラインは両フロントD環あるいはフローティングフロントD環に取り付けます。（訳注：現在はブリッジタイプのものも多く使われています）

図4.20　ラインをかける場所の選択は大切です。しっかりした太い枝と横に張り出した枝を選びます。横に出た枝の上を通るようにして親枝か幹にラインを回してタインします。（訳注：樹皮の保護とロープの摩擦（摩耗）軽減のためにフリクションセーバーを使用します）

図4.22　スプリットテールはクライミングラインとは別の短いロープで、クライミングシステムのフリクション・ヒッチをつくるために使用します。

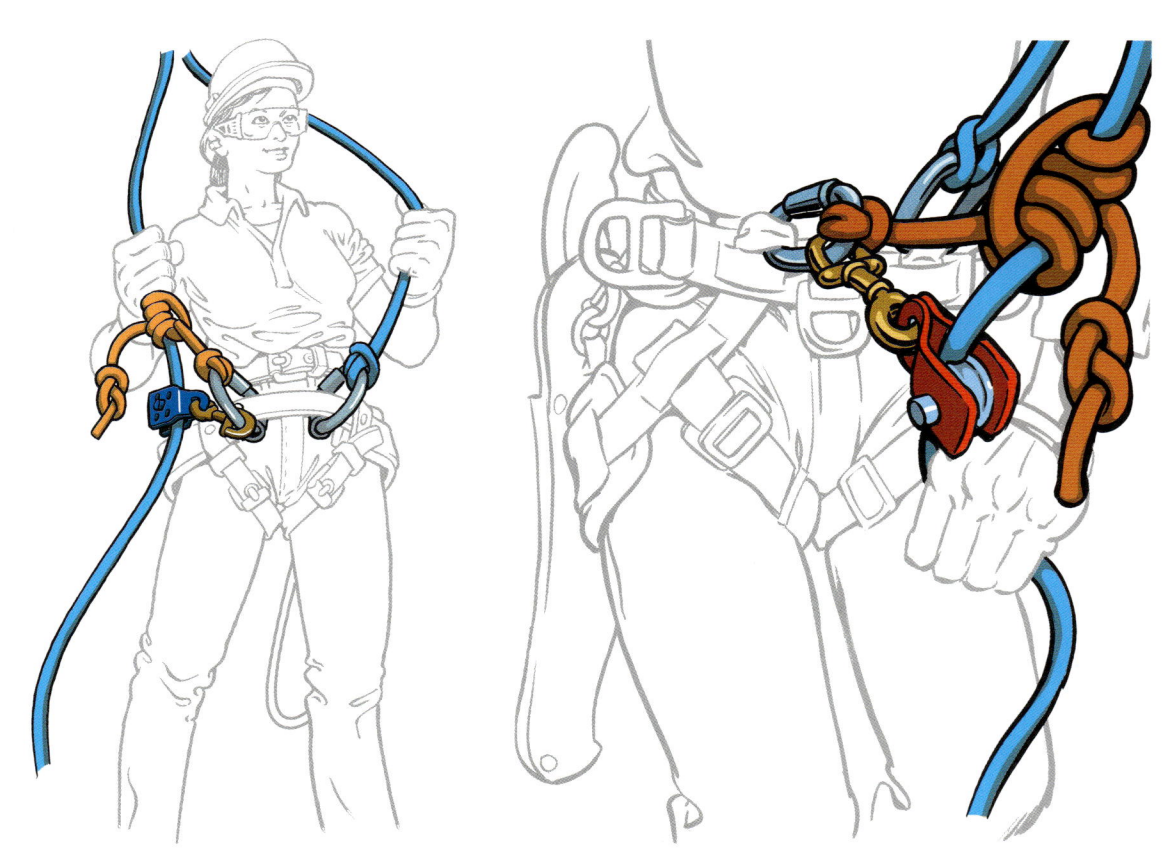

図4.23　クライミングテクニックや道具の技術の発展は、既存のものに代わるクライミングシステムをもたらしました。この図は、ダブルロックカラビナ、タイインのためのスプリットテール、フリクション・ヒッチの動きをスムーズにするマイクロプーリーを使用したデュアルタイインポイントを描いています。

ヒッチから出ている末端に**ストッパーノット**として**フィギュアエイト・ノット**を結び、その末端がクライミング・ヒッチ から抜けることがないようにしておかなくてはなりません（**図4.23**）。先ほどつくったアイ（スプリットテールの場合はクライミングライン末端のアイとスプリットテール末端のアイ）とサドルのフロントD環をカラビナでつないでタイインします（**図4.21**）。

　クライミングラインは地面に十分届く長さのものを使用しますが、ランニングエンドにはストッパーノットを必ず結んでおいてください。樹上でロープの掛け替えをした場合や、登りと異なるルートで降りる場合は、特に高木での作業では、降下時にラインの長さが足りなくなることもあり、ラインの末端がクライミング・ヒッチから抜けてしまうことを避けるためです。

　時に役に立つのが**ダブル・クロッチ**です。もう１つ別のまたにクライミングラインの反対の末端、あるいは（特に高木では）もう１本別のラインを掛けて２カ所でタイインすることをダブル・クロッチングといいます。より高い位置でクライミングラインをセットすれば、クライマーが落下するのを防ぐことができます。タイインの位置が低くてクライマーがその位置を超えて登ってしまうと、ラインが緩んで落下する可能性があります。大きく広がった樹木で枝を登る際にもダブル・クロッチングテクニックを使用します。元々のタイインポイントが無駄になることはなく、そのクライミングラインは直立した枝に登るための補助的な役割を果たします。またダブル・クロッチングテクニックを使えば、クライマーが枝と枝の間でぶら下がった状態でいることができます。これはケーブルの設置やクライマーより低い位置にある危険な枝での作業、風害木の処理、別の木への移動などの際に役立ちます（**図4.24**）。

　とはいえ、ダブル・クロッチングテクニックには制限があります。１本のクライミングラインの両端を使用している場合、ラインがループ状になってい

ます。もしこのループが地上に届いていなければ、グラウンドワーカーがラインを使って道具を送り上げることができません。またクライミングラインの長さが足りなければ、クライマーはタイインポイントの1つを解除しないと地上へ降りることができないかもしれません。これでは緊急事態が起こった時、対応が遅れることになります。

樹上での作業　Working in a Tree

クライミングラインはクライマーを落下から守るためだけの道具ではありません。優れたクライマーは木に登るだけでなく、ロープを駆使して枝先までアクセスしたり、バランスを維持したりと、樹上で自由に動き回ることができます。また安定した体勢をとることで、両手を使って作業することができます。

安定した体勢を保つための基本は、3点支持です。支持点としてまず、クライマーの両手両足、クライミングラインが考えられます。ランヤードもまた支持点となるため、ランヤードを掛けるのはしっかりとしたポイントでなくてはなりません。またこの時のクライミングラインとランヤードには、常にテンションがかかっていることが条件となります。

適切な剪定をするためには枝を伝って移動して枝先まで行くこともあります。一般的なのは、ライン

にテンションをかけたまま、後ろ向きか横向きで移動する方法です（図4.25）。横方向の枝の先へと向かっていく場合は、常に体重をロープにかけておくことが重要です（図4.26）。枝に体重をかけすぎてしまうと枝は折れてしまうかもしれません。またタイインする角度が重要です。原則として、タイインポイントが作業場所より高ければ高いほど幹からの移動可能範囲は大きくなります（図4.27）。

クライマーが使うロープテクニックにスイングがあります。クライミングラインにぶら下がった状態

図4.25　クライマーには、適切な剪定を行うための、枝を伝って移動してその先端へアクセスするという技術があります。一般的にはラインにテンションをかけたまま、後ろ向きか横向きで移動する方法が好まれます。

図4.24　ダブル・クロッチングは、大きく広がった木での作業や他の木への移動に便利なテクニックです。

図4.26　水平な枝の先へと向かう場合は、体重を常にロープにかけることが重要です。

から、スイングして別の場所に移動することができます。スイングする時は、逆戻りして幹にぶつかったりしないようにコントロールできることがとても大切です。

　樹上での作業にはさまざまな道具（例えばチェーンソーやポールソー（高枝切りノコギリ）、リギングで使用する道具、ケーブリング器具など）を必要とします。ハンドソーは**鞘**（スキャバード）に収めてクライマー自身が身につけて登ることが一般的（**図4.28**）ですが、他の道具はグラウンドワーカーが地上から送り上げることになります（訳注：2017年改訂のANSI Z133.1では、樹上に上がる際にはノコギリを携行しなくてはならないと規定されています）。道具をラインで上げる時は、**クローブ・ヒッチ**などで結びます。ポールソーやポールプルーナーを樹上で使用する場合、使っていない間は縦にして掛けておきましょう（**図4.29**）。鋭利な刃がワーカーに背を向けるようにしておけば、誤って引っ掛けて落としたりすることはないでしょう。ツールランヤードにポールソーを掛けておく場合は、ポールソーの刃がクライマーの足元より下になるよう、十分な長さが必要です。

　チェーンソーを樹上で使用する際、チェーンソーランヤードで落下防止措置をとって使用してください。樹上でチェーンソーを使用する際、安定したポジショニングで自身を確実に確保していなくてはなりません。また、切る時以外は、チェーンブレーキをかけておきます。樹上でのチェーンソー使用は非常に危険ですから、安全のための対策は重要です。クライマーはクライミングラインだけでなく、ワークポジショニング・ランヤードかもう1本別のラインで安全を確保しておかなくてはなりません。これは、万が一どちらかのラインを切ってしまった場合の最悪の事態を回避するためのものです。

　剪定では、通常、樹木上部から下部に向かって作業していきます。少しずつ降下しては、それぞれの枝元から枝先に向かって移動しながら偏りなく剪定していきます。したがって、一番低い枝は最後になることが多いですが、これはそれぞれの木によって異なるでしょう。特に大きな木の場合は、剪定する枝の順序次第で効率が大きく変わってくるため、先

のことをしっかり考えて計画を立てる必要があります。

緊急対応　Emergency Response

　作業現場に潜んでいる危険をあらかじめ認識し、その危険を回避する取り組みを行うことで事故を最

図4.27　枝先に体重をかけてしまうと枝は折れてしまいます。またタイインする角度が重要です。原則として、タインポイントが作業場所より高ければ高いほどクライマーの幹からの移動可能距離は大きくなります。

図4.28　ハンドソーは鞘に収めて身につけて登ります。

小限にすることができます。しかし一瞬の気の緩みや予期せぬ出来事によって起こるのが事故ですから、チームの全員が応急手当、心肺蘇生法(CPR)、**エアリアル・レスキュー**の訓練をしていなくてはなりません。エアリアル・レスキューとは、樹上で負傷したり意識を失ったりしたクライマーを、安全に地上に下ろすためのレスキュー方法です。

エアリアル・レスキューで最も重要視されるのは安全性です。ワーカーは緊急事態を冷静に把握し、現場の状況、要救助者の意識の有無、負傷などの状況、といったことに基づいて決断を下せるよう、訓練をしなくてはなりません。より安全かつ効果的に緊急事態に対応するには、適切な訓練を重ねて経験を積むことが大切です。パニックに陥っている暇はありませんし、また救助者として適切な措置をとることができなければ、自身が第二の被害者にもなりかねません。

樹上作業中に緊急事態を引き起こす要因は数多くあります。感電、心臓発作、熱射病、虫や動物との遭遇、スイングした枝による強打(ストラックバイ)、チェーンソーでの負傷等によって行動不能になり、樹上でどうすることもできずぶら下がった状態になることもあるのです。負傷したクライマーは助けを求めることなく意識を失ってしまうこともあり得るので、グラウンドワーカーはクライマーによく目を配り、声掛けを怠らないようにしてください（図4.31）。

クライマーが樹上で緊急事態に陥った場合、直ちに救助活動を始めます。その場に要救助者以外のワーカーが2人以上いれば、1人はすぐに助けを呼びます。緊急時の通報電話番号や作業現場の所在地がすぐにわかるような工夫（携帯電話のGPSを作動させて通話するなど）が必要です。現場に作業現場の住所を掲示したり、車両内に貼っておくのもいいで

図4.29 ポールプルーナーやポールソーを樹上で使用する場合、使っていない間は縦に吊るしておかなくてはなりません。鋭利な刃がクライマーの方を向いていないようにしておけば、誤って引っ掛けて落としたりすることはないでしょう。

図4.30 この図では、地上まで降下するのにロープの長さが足りるかどうかを確認する方法を描いています。

しょう。救急救助隊を呼ぶ際には、事故が発生した正確な位置、非常事態の種類・状況を必ず伝えます。樹上からのレスキューが必要となる場合にはその旨もオペレーターに必ず伝えます。通報者は電話を先に切らないでください。オペレーターが必要な情報をすべて聞き取った後、通話終了を判断します。ワーカーが1人しかいない場合にはまず救助を呼んでからその場で待機、可能であれば要救助者を助けます。何よりも、救急救助隊への通報が最優先であることを忘れないでください。

　緊急事態を把握し対応する過程で、最初に判断すべき重要事項は感電の危険性です。救助者が二次被害を受ける可能性も高いため、その地域を管轄する電力会社に連絡して対応を確認してください。要救助者が感電している場合、救助者は救助を試みるのか、あるいは電力設備会社の支援を待つのか、自分の能力と周囲の状況を冷静に見極めて決断をしなくてはなりません。ここでは数分の遅れが生死を分け

ます。しかし軽率に救助を試みれば、救助者が感電することもあるのです。木やロープからでも感電する危険があることをきちんと理解しておいてください。

　感電の危険がなく、安全に登れると判断したなら、要救助者のもとへ行き、その状態を確認することが大切です。登る前に、まず事態の発生要因（例えば、ぶらさがった枝、虫、樹木の欠陥など）を確認しなくてはなりません。もちろん要救助者のもとへ登っていく際にも、適切なクライミング道具を使用し、自身の安全を確保していなくてはなりません。**救助者は二次被害者となるような、あるいは他のワーカーを危険に陥れるようなリスクを決して冒してはなりません。**可能であれば、別のクライミングラインで登り、要救助者の上方でタイインします。一刻を争う場合は、クライミング・スパイクを使って要救助者のところへ行くこともあります。

　要救助者のもとにたどり着いたら、すぐに状態をチェックします。首の骨が折れていたり、背骨の損傷が見られたりする状態で息をしているならば、要救助者を動かしてはいけません。要救助者の体が確

図4.31　クライマーが体調の急変や負傷で助けを呼ぶこともできない状態になることがあります。グラウンドワーカーはそうしたことも頭の片隅に置きつつ、クライマーとのコンタクトを怠らないようにしてください。

図4.32　緊急事態において、要救助者を不用意に動かしてはいけません。直ちに救急救助隊を呼んでください。

保されていること、装備に問題がないことを確認して、救急救助隊の到着を待ってください。応急処置で守るべき原則の１つに、不用意に要救助者を動かさない、というものがあります（**図4.32**）。地上での方が応急処置を効果的に行えるとしても、要救助者を動かすことで状態が悪化することがあるためです。とはいえ、具合が悪い、あるいは負傷した要救助者がサドルで吊るされたままの状態が長引けば、意識を失ったりショック状態となったりすることもあるので、呼吸や脈拍などの確認を含めて総合的にしっかり監視し判断してください。

要救助者を移動させるかどうかを決定する際には、これまでの訓練や経験で対処できるレベルかどうか難易度を見極める必要があります。一般に救急救助隊は、要救助者の状態を可能な限り悪化させないための救助訓練を積み、そのために必要な道具も備えていますので、状況によっては救急救助隊の到着を待つことが最善策となる場合もあります。ただし、さまざまな訓練と経験を積んだ救助隊でも、樹上でのレスキューには対応できないこともあります。その場合は要救助者を地上へ降ろすのはアーボリストの役目であり、救助隊と連携して作業を進めていくことになります。エアリアル・レスキューや応急処置については、そのための特殊な訓練と練習が不可欠です。

救助に必要な装備は適切に管理し、常に使用できる状態にしておきます。また、日々の作業には使用しない**レスキューキット**を別に専用で用意しておいてください。このキットには、クライミングライン、サドル、ランヤード、スローライン、クライミング・スパイク、ポールプルーナー、ナイフ、倍力装置、そして救急キットが含まれます。レスキューキットは各作業の開始時にトラックから降ろして現場に置いておきましょう。キットを積んだトラックが感電してしまったら近づくことはできません。

現在ではクライミングラインとは別のもう１本のライン（**アクセスライン**）をあらかじめ設置することを奨励しています。このアクセスラインは、15mを超える高さでの作業時、特にエントリーやアセンドが困難で、時間を要する樹木の場合に有効です。エアリアル・レスキューが必要になった場合にも、このアクセスラインによって救助にかかる時間を大幅に短縮できます。

緊急事態にあって、速やかにかつ安全に救命活動ができるかどうかは、冷静さを保って普段の判断力を発揮することができるかどうか、常に備えがあるかどうかにかかっています。生死を分かつような現場での貴重な時間を無駄にすることなく、１分１秒でも早く救助できるよう、日頃から適切な訓練を重ねておくことが重要です。

第 4 章　練 習 問 題

用語の説明として、当てはまる内容（A～H）を選択しなさい。

プルージック・ループ：_____

ダブル・クロッチング：_____

エアリアル・レスキュー：_____

フットロック：_____

PPE：_____

サルノコシカケ：_____

スローライン：_____

スキャバード：_____

A．個人用保護具

B．ロープをセットするために使用する、重りを付けたコード

C．ロープを登る技術

D．菌類の子実体であり、腐朽の兆候

E．負傷したクライマーを地上へ下ろすこと

F．ハンドソー用の鞘

G．セキュアド・フットロックで使用する

H．2つのポイントでタイインすること

次の文について、正しいか誤りか選択しなさい。

1．　正　誤　クライマーはその作業に該当するすべての安全基準（米国では、特にANSI Z133.1の最新版）に従わなくてはなりません。

2．　正　誤　グラウンドワーカーは規格に準拠したヘッドプロテクションとアイプロテクションを装着しなくてはなりませんが、クライマーには必要ありません。

3．　正　誤　カラビナを使用する場合、そのメジャーアクシス方向でのみ荷重をかけなくてはなりません。

4．　正　誤　クライミングに使用するカラビナやスナップは引張強度が23kN以上なくてはなりません。

5．　正　誤　古くなったり、摩耗や傷ができたりしたクライミングラインはリギング用としてのみ使用しなくてはなりません。

6．　正　誤　ワークポジショニング・ランヤードの各パーツはロープやカラビナに求められる強度を満たしていなくてはなりません。

7．　正　誤　クライミングロープは使用前に毎回点検すべきです。

8．　正　誤　ボディ・スラストは樹上へのアセント方法のひとつです。

9．　正　誤　どの作業も、ワークプラン、危険予知、必要な装備、作業手順などをカバーするジョブブリーフィングから始めなくてはなりません。

10．　正　誤　クライミング・スパイクはその爪の痕が目立たない限りは、クライミングでの使用を認められています。

11．　正　誤　木にエントリーしたり、樹上で作業する間は、クライマーはタイインするか他の方法で自身を確保していなくてはなりません。

12．　正　誤　スローラインはクライミングラインをセットする際に使うことができますが、その精度は高さ15m以下に制限されます。

13．　正　誤　鋼線芯入りのランヤードはエレクトリカルコンダクターの周囲で作業する時には決し

て使用してはなりません。

14. **正 誤** クライマーがポールを使ってクライミングラインをより高い位置にセットするのは安全規則に反しています。

15. **正 誤** ボディ・スラストではロープを使って木に登りますが、セキュアド・フットロックではロープそのものを登ります。

16. **正 誤** ボディ・スラストでのクライミングは、一般的にプルージック・ループが使用されます。

17. **正 誤** セキュアド・フットロックは普通、ボディ・スラストよりも登るのに時間がかかりエネルギーを消費します。

18. **正 誤** ボディ・スラストでは、クライミング・ヒッチの下にマイクロプーリーを付けておくと、クライマーがアセンドする間、グラウンドワーカーがクライミングラインのたるみを引っ張ってとることができます。

19. **正 誤** クライミング・スパイクは伐木時かエアリアル・レスキューの緊急時に使用を認められています。

20. **正 誤** ダブル・クロッチングではタインポイントで幹にラインを2巻きする必要があります。

21. **正 誤** 優れたクライマーは木に登ることはもちろん、枝先にアクセスしたりバランスを維持したりと、ロープを駆使して樹上で自由に動くことができます。

22. **正 誤** スイングしたり落下したりしても電気伝導体に接触しないように、クライマーは常にタインしていなくてはなりません。

23. **正 誤** 基本的には、樹木の高くて中心寄りのポイントにタインするのがベストです。

24. **正 誤** 高い位置でタインポイントを取れば、樹木の大部分にアクセスしやすくなります。

25. **正 誤** 低い位置でタインポイントを取れば、水平な枝の上をより先の方まで移動することができます。

26. **正 誤** 樹上でチェーンソーを使用する場合、ワークポジショニング・ランヤードか、クライミングラインとは別にかけたラインで自身を確保していなくてはなりません。

27. **正 誤** エアリアル・レスキューの第一段階は、救助を呼ぶことに加えて、感電の危険性があるかどうかを判断することです。

28. **正 誤** 首や脊椎の損傷が疑われる場合、負傷したクライマーを動かさないでください。

29. **正 誤** 要救助者の脈がない場合、樹上で直ちにCPRを行わなくてはなりません。

30. **正 誤** タインにフォルス・クロッチを用いる利点は、ロープの摩耗や樹木へのダメージを軽減できるといったことが挙げられます。

それぞれ１つずつ解答を選択しなさい。

1. プルージック・ループを用いてセキュアド・フットロックする場合、両手は常にノットの下側でロープを握っていることが重要です。なぜなら、_____
   a．そうしないとノットを上げることができないからです。
   b．そうしておけば、不用意に触れてノットが緩んでしまうこともなく、体重をかけたループ共々クライマーが滑り落ちてしまうという事態を防ぐことができるからです。

　　c．そうすることでマイクロプーリーとの干渉を避けられるからです。

　　d．上記すべて

2．クライミングラインは安全装備としての役割に加えて、クライマーが ＿＿＿＿ のに役立ちます。

　　a．枝の先端へアクセスする

　　b．樹上でバランスを維持する

　　c．両手を自由にして作業する

　　d．上記すべて

3．樹上でポールソーやポールプルーナ―を使用する場合、＿＿＿＿

　　a．刃をクライマーとは反対に向けて掛けておくべきです。そうすれば誤って落下したときにクライマーやロープに刃が当たりません。

　　b．2つの木のまたの間に渡して水平に置いておくのがよいでしょう。

　　c．ランヤードを使用するなら、使いやすい範囲内で道具の刃の部分を自分のD環の近くにキープしておける短さのものがよいでしょう。

　　d．上記すべて

第 5 章

剪定

Pruning

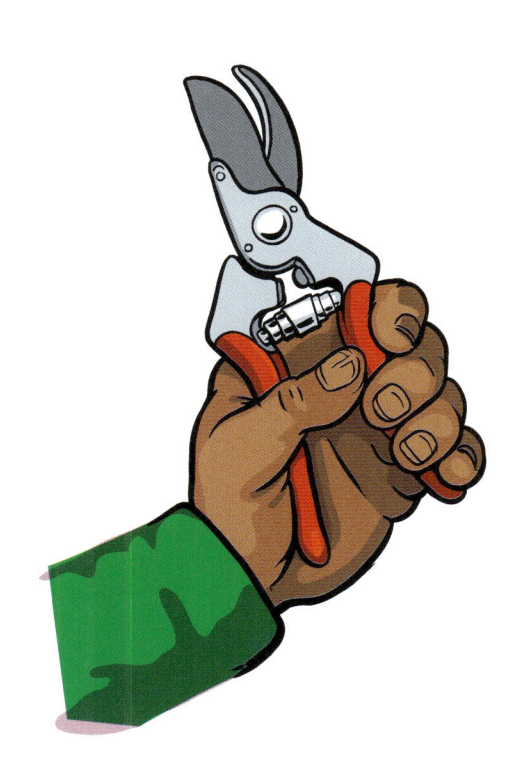

キーワード

剪定バサミ（ハンドプルーナー）
hand pruners / secateurs

長柄の剪定バサミ（ロッピングシアーズ／
ロッパー）　*lopping shears / loppers*

刈込みバサミ　*hedge shears*

剪定ノコギリ（プルーニングソー、ハンドソー）
pruning saw / hand saw

鞘（スキャバード）　*scabbard*

高枝切りバサミ（ポールプルーナー）
pole pruner

高枝切りノコギリ（ポールソー）　*pole saw*

ブランチプロテクションゾーン（保護帯）
branch protection zone

ブランチカラー（枝隆）　*branch collar*

ブランチバークリッジ　*branch bark ridge*

リダクションカット　*reduction cut*

ヘディングカット　*heading cut*

カーフ（斧目）／切れ目　*kerf*

骨格枝　*scaffold branches*

相互優勢幹　*codominant stems*

入皮（インクルーデッドバーク）　*included bark*

太さ（キャリパー）　*caliper*

細り（テーパー）　*taper*

クリーニング　*cleaning*

クラウン・クリーニング　*crown cleaning*

デッドウッディング　*deadwooding*

リスクリダクション・プルーニング
risk reduction pruning

シンニング　*thinning*

ライオンテール　*lion tailing*

徒長枝（萌芽）　*watersprouts*

レイジング　*raising*

リダクション　*reduction*

トッピング　*topping*

レストレーション　*restoration*

被覆剤　*wound dressing*

イントロダクション　Introduction

　剪定は都市の樹木で最もよく行われている樹木管理法です。森の樹木はほとんど、あるいは全く剪定しなくても良く育ちます。活力を失った枝や弱った枝はただ枯れ、朽ちて自然に落ちるだけです。けれども街の景観のための樹木の多くは、枯れ枝を取り除いたり、枝の配置を良くしたり、安全を維持するための剪定が必要とされます。剪定はその行為に対して、樹木がどのように反応するのかをよく知った上で実施しなくてはなりません。不適切な剪定を行ってしまうと、その樹木の後々の健康と樹冠構造にまで悪影響を及ぼすことになります。アーボリストは正しい剪定の基本と技術を理解していなくてはなりません。

剪定の理由　Reasons for Pruning

　1つ1つのカットが、その樹木の成長に影響を及ぼすため、どんな枝も理由なく切ることはできません。よくある剪定の理由には、枯れ枝や病気の枝、傷んだ枝の除去、過密状態の枝や交差している枝の除去、そして安全性の向上等があります。風の抵抗を減らしたり、樹冠内部や下層植生への光や空気の通りを良くしたりするためにも剪定は行われます。多くの場合、樹木の剪定は本質的には、何かしらの改善や予防を行うものです。

剪定の道具　Pruning Tools

　樹木の剪定では、その作業に適した道具を使用することが大切です。きれいな切り口に仕上げるには、径13mm未満程度の枝に対しては**剪定バサミ**（ハンドプルーナー）を用います（**図5.1**）。アンビルタイプ（片側だけの刃で押し切る方式）よりも、バイパスタイプ（切り刃と受け刃が湾曲した形状のものが主流で、一般的なハサミと同じく両刃が交差して切る方式）

のハサミが適しているのは、バイパスブレイドの方が滑らかで正確なカットができるからです。この形状は**長柄の剪定バサミ**（ロッピングシアーズ、ロッパー）でも、この形状をお薦めします。ロッピングシアーズはハンドルが長く、径13〜50㎜程度の枝をカットすることができます（図5.2）。

刈込みバサミは、生垣や形の決まったものを刈り込む道具ですので、樹木の剪定には向いていません（図5.3）。

剪定ノコギリ（プルーニングソー、ハンドソー）は

その名のとおり、樹木の剪定向けにデザインされたノコギリです。刀身がアーチ状のものも多く、主に引く動作で切れるようになっています。剪定ノコギリにはさまざまなサイズ・刃の形状があります（図5.4）。技術の進歩によって非常に切れ味が良く効

図5.3　刈込みバサミは刈込みに使用する道具です。樹木の剪定には向いていません。

図5.1　剪定バサミはバイパスブレイドのものが最適です。アンビルタイプは切り口の組織にダメージを与えることがありますので避けてください。

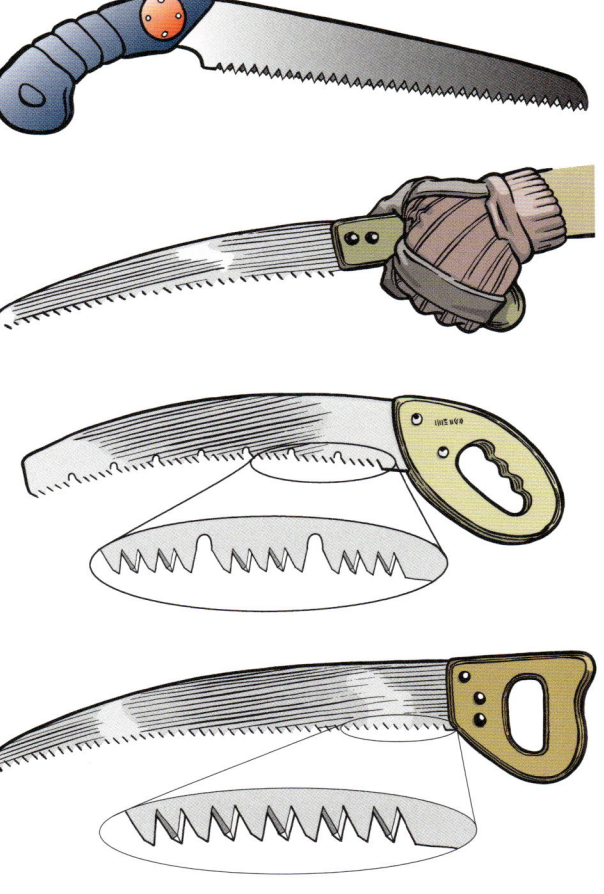

図5.4　剪定ノコギリには数多くの種類とサイズのものがあり、刃の形状もさまざまです。

図5.2　長柄の剪定バサミは細〜中くらいの太さ（径13〜50㎜程度）の枝を切るのに使います。

率的なものも開発されてきています。剪定の際、クライマーは通常、剪定ノコギリを身につけて樹上へ上がります。安全性と利便性の面から、ノコギリは鞘（スキャバード）に収めて携帯しますが、鞘によっては剪定バサミを挿すポケットが付属したものもあります。

　樹木の剪定では、その対象となる枝まで手が届かないこともありますが、次の2つの道具でこの問題を解消できるかもしれません。**高枝切りバサミ**（ポールプルーナー）は、長いポールの先に剪定バサミがついたものと言ってよいでしょう（**図5.5**）。正しく使えば、およそ50mmまでの径の枝をきれいに切ることができます。**高枝切りノコギリ**（ポールソー）は、更に太い枝を切ることができます（**図5.6**）。ただし、こうした道具を使って滑らかで正確なカットをするには、クライマーが良いポジションを取れていることが前提だということに注意してください。

　剪定でチェーンソーを使用することもありますが、これは枝が太い場合に限ります。滑らかで真っすぐな切り口に仕上げるためには、刃がよく切れる状態でなくてはなりません。樹上でチェーンソーを使用するのは非常に危険な行為ですから、適切な訓練を受けずに試みてはいけません。

剪定の時期　When to Prune

　弱った枝や病気の枝、成長が衰えた枝、枯れた枝を取り除くための剪定は、樹木への影響が少ないため、それほど季節を問いません。基本的には、春の初期成長が高まる直前に剪定を行えば、その後に増大する成長力によって傷が閉じるのが早くなります。カエデ属やシラカンバ属といったいくつかの樹種では、早春の剪定で切り口から樹液を流す傾向があります。見た目はよくないかもしれませんが樹木への悪影響はあまりありません。ただし、切り口から樹病に感染することもあるので、感染しやすい樹木の剪定は樹病が蔓延している時には行わないようにしましょう。

剪定方法　Pruning Cuts

　剪定では1つ1つのカットを正しい位置で慎重に行い、縁のささくれや樹皮のむけなどない滑らかな表面の切り口に仕上げなくてはなりません。樹木が

自然に枝を落とす場合、その基部（幹や親枝との結合部）から落とすのが特徴です。この枝の基部の内部には、残る幹を腐朽から守る**ブランチプロテクションゾーン**（保護帯）があります。

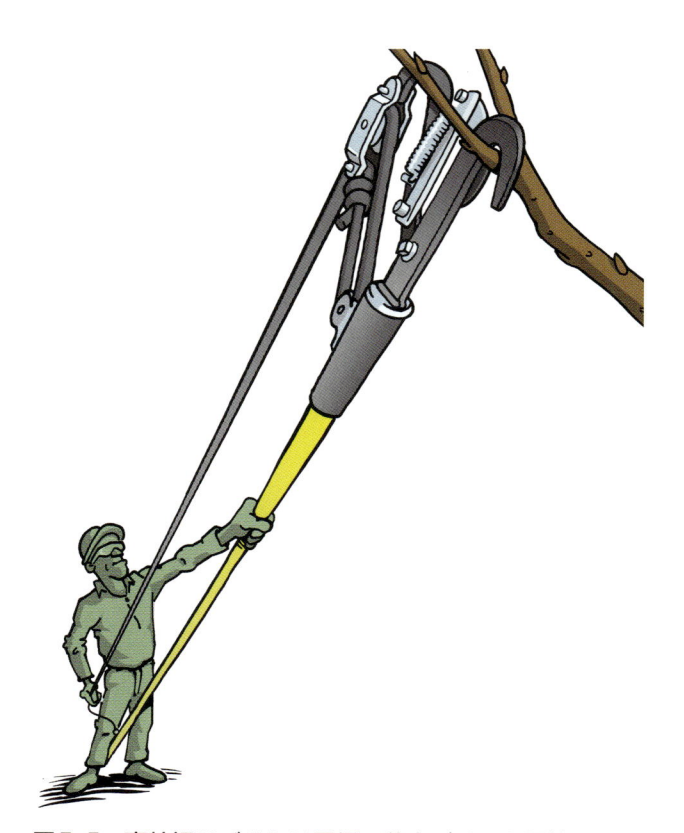

図5.5　高枝切りバサミは長柄の剪定バサミと同等のものをかなり離れた位置から切ることができます。

図5.6　高枝切りノコギリは剪定ノコギリでは届かない位置にある枝を切ることができます。

枝をその元まで切り戻す（シンニングカットとも呼ばれる）場合の正しい切断位置は、**ブランチカラー（枝隆）**のすぐ外側となります。**ブランチバークリッジ**や幹の組織を含むブランチカラーに切り込まないように、注意する必要があります（**図5.7**）。正しい位置で切断すれば、樹木の自然防御システムが腐朽の広がりをコントロールして、傷を閉じ込めることができます。きちんと仕上げられた切り口は切断面の周縁から均等に組織が巻き込んで閉じていきます（**図5.8、図5.9、図5.10**）。

主枝を側枝まで切り戻す方法を**リダクションカット**といいます。残す枝として選ぶ側枝は、この先成長を続け主枝の役割を担うことができるしっかりした枝でなくてはなりません。基本的には、残す側枝の径は、剪定する主枝の径の1/3以上の太さが必要

図5.9　ブランチカラーのすぐ外側で切ってください。枝の切り残しがあると切り口の巻き込み（癒合）がうまくいきません。

図5.7　正しい剪定方法を理解する上で、樹木の内部構造を理解しておくことは重要なことです。幹の組織を含んでいるブランチカラーに決して切り込んではいけません。

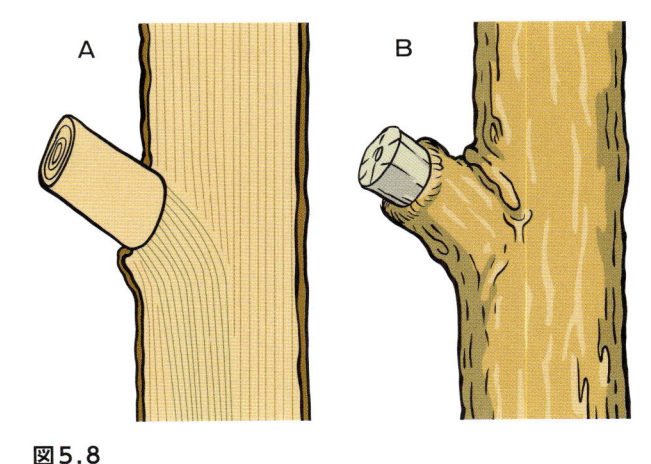

図5.8
A．枝の内部構造によって枯れ枝から親枝や幹への腐朽の広がりを抑制します。
B．既に巻き込みが始まっているスタブ（棒状の切り残し）を切る場合には、その生きている組織を避けて枯れた部分だけを切り除きます。

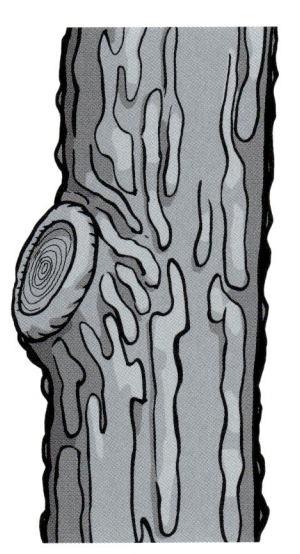

図5.10　きちんと仕上げた切り口は切断面の周縁から均等に組織が巻き込んで閉じていきます。

です。**図5.11**はリダクションカットの位置を示しています。リダクションカットでは、切断する部分にカラーやブランチプロテクションゾーンがないため、切り口の癒合や区画化に樹木の自然防御システムを利用することはできません。しかし切り口をな

るべく小さくすることで、より癒合しやすく、腐朽の進行よりも早く成長しやすく処置するのが最善策です（**図5.12**）。

ヘディングカットは、芽や頂枝の役割を担うほど太くない側枝まで枝を切り戻す（残す芽や枝がないところで切る場合もある）方法で、苗の生産や潅木の剪定分野でよく用いられています（**図5.13**）。この方法はアーボリストが積極的に選択する方法ではありませんが、嵐などでダメージを受けた樹木を回復させる場合に、このヘディングカットを用いることもあります。枝の付け根部分や大きな側枝まで切り戻すと、剪定量が多すぎることがあるためです。

太い枝や重量のある枝はスリーカット法（3段切り）で取り除きます（**図5.15**）。最初のカットは最終切断位置から30〜60cmほど離れた位置で、枝の下側からノコギリを入れます。このアンダーカットをきちんと入れておくことで、上から枝を切り離す際に樹皮が引っ張られて剥けてしまうのを防ぎます（**図5.14**）。2番目のカットは上側から入れるトップカットで、アンダーカットよりもわずかに枝先側に入れます（訳注：**近年は、トップカットはアンダ**

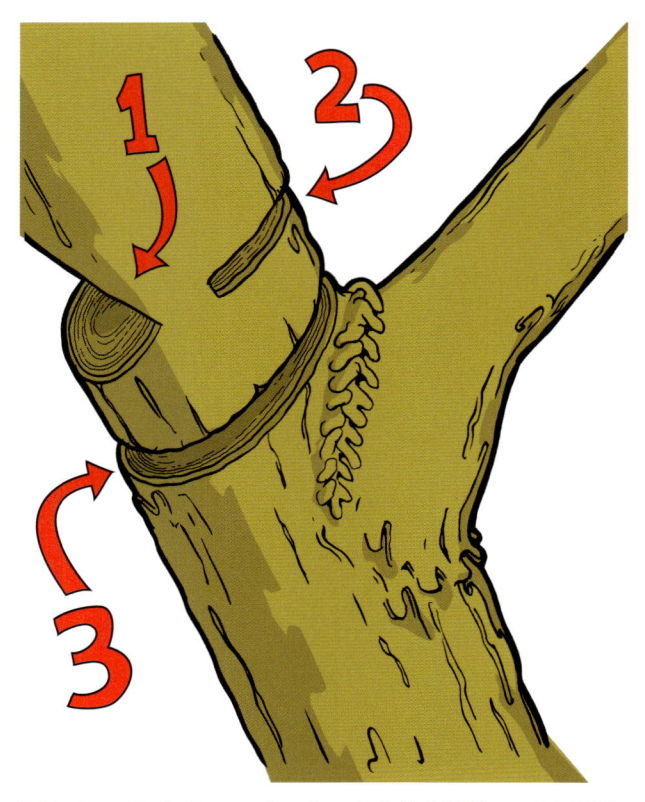

図5.11　リダクションカットでは主枝を側枝まで切り戻します。太い枝や重量のある枝はスリーカット法（3段切り）で取り除きます。）

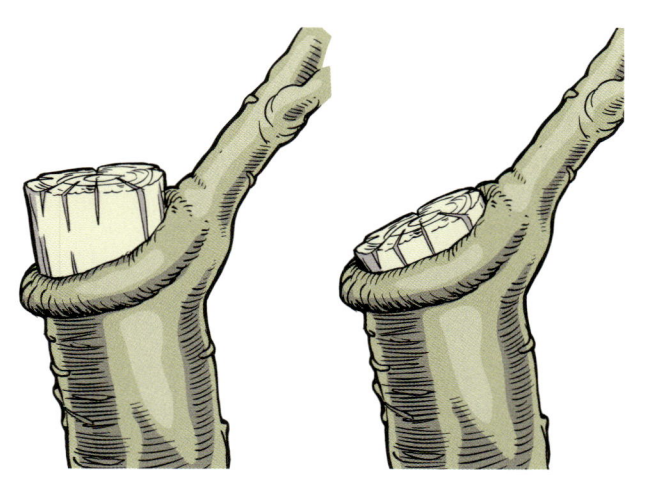

図5.12　間違った位置や角度でリダクションカットをしてしまうと、たとえ癒合できたとしても時間がかかってしまいます。

図5.13　ヘディングカットを行うと、その後たくさんの徒長枝が出てくることがよくあります。

ーカットの真上の位置で実施するようになっています）。こうすることで大枝をスムーズに落とすことができます。そして3番目のカラーカットで、残った枝を切り除きます。チェーンソーを使用して大きな枝を切り落とす場合は、このスリーカット法では注意が必要です。2番目のトップカットで切り進むと枝が落ちる時に、**切れ目**にチェーンソーのバーが

引っ掛かりチェーンソーをクライマーの手から引き離してしまうかもしれません。これはトップカットをアンダーカットの真上に入れることで避けられます。

健全な構造づくりのための剪定
Pruning to Establish Good Structure

骨格枝の健全な構造はその樹木が若いうちに確立されるべきです（図5.16）。骨格枝はその名のとおり成木の主たる骨格を成すものです。適切に仕立てられた若い樹木は、強い構造を持った樹木へと成長し、その後成長した時に補正的な剪定をほとんど必要としないでしょう。また、若いうちの剪定であれば、切り口が小さく済み、成長も旺盛であるため、癒合・区画化が容易になります。

構造づくりのための剪定のゴールは、しっかりした枝と強いまたを持つ健全な骨格を形成することです。枝構造の強さは相対的なサイズ、空間、主枝のつき方によって決まり、当然これは樹木の成長特性によって変わります。アメリカガシワやモミジバフウは主幹を持つ強い円錐形をしており、ニレ属は主幹を持たず、横広がりの樹冠となります。シナノキ属やセイヨウナシは密に枝を出す樹種でもあります。こうした自然な樹形を維持しつつ、構造的に弱い枝を取り除いて減らしたりするのが優れた剪定と言えます。

樹木の骨格として強い構造を実現するためには、残す枝を選ばなくてはなりません。一般的には、親枝や幹の径の半分もあれば十分ですので、状態のよい枝を選んでください。特に枝の基部（付け根部分）は重要です。もし幹の先端から2本の枝が生じれば、**相互優勢幹**（相互優勢枝）となるでしょう（図5.17）。相互優勢幹はその1本1本が主幹からの直系の伸長ですから、この分岐部分には、通常の枝の基部にあるブランチカラーやブランチバークリッジ、ナチュラルプロテクションゾーンといったものはありません。相互優勢幹は、枝と幹の結合よりも先天的に弱いため、その樹木が若いうちに一方を取り除いておくのが理想的です。狭い角度で結合している枝や相互優勢枝で、特に**入皮**（インクルーデッドバーク）がある場合は、その結合部で裂けてしまう可能性があります（図5.18）。入皮というのは枝

図5.14　きちんとアンダーカットを入れておくことで、枝を切り離す際に樹皮が引っ張られてむけてしまうのを防ぐことができます。

図5.15　基本のスリーカット法　(1)まず枝の下側から切り込む　(2)上側から枝を切り離す　(3)切り残した枝をブランチカラーのすぐ外側の位置で切り落とす

図5.16　樹木は若いうちに剪定し、しっかりとした骨格を構築するべきです（左図）。右図の樹木は成長するにつれて問題を起こしやすくなるでしょう。

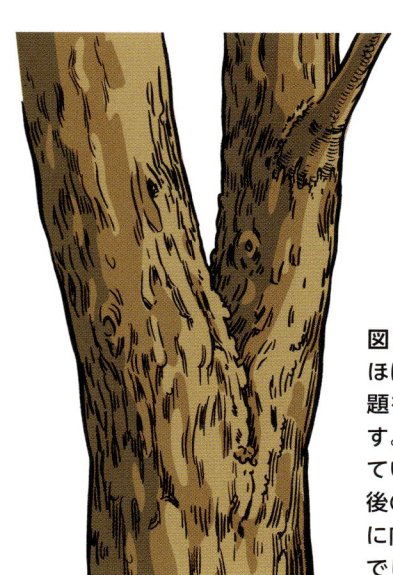

図5.17　相互優勢幹。ほぼ同径の2本の幹は問題を起こしやすくなります。枝が狭い角度で付いているなら、剪定時の最後の切断は外側から内側に向かって行うのが良いでしょう。

図5.18　入皮は狭いまたで問題になることがあります。入皮があると枝の結合が弱まります。

や幹の径が大きくなるにつれて、結合部の内部に樹皮を巻き込んでしまった状態ですが、この入皮によって枝の結合は弱くなり、樹木に深刻なダメージが発生しやすくなります。

　枝の間隔は、上下方向・放射方向ともにとても重要です。骨格枝同士の間隔は主幹上で適度に保たれているべきです。主幹周り（放射方向）で、それぞれの方向で外へ向かって成長する枝のバランスが保た

れなくてはなりません。2本の骨格枝が同じ側で上下して出ている場合には、まだ細いうちに一方を取り除いておくのが良いでしょう。

　一般的に、主枝は剪定しません。ただし、多幹木を望む場合や、主枝の勢いが強すぎて暴れている場合は、この限りではありません。2本以上の主枝があるなら、若い段階で1本の主枝を選んで他は減らすか取り除くべきです。

低い位置にある枝や内側の枝を切り過ぎてしまう傾向があります。樹木の下から2/3の高さまでに出ている枝を剪定する場合、葉の量を半分は維持するのが良いでしょう。こうすることで、風の力を樹木が最も強い場所で受け止めるのに役立ちますし、幹や枝の**太さ**（キャリパー）とその**細り**（テーパー）方のバランスがとれた最適な成長を促します。これは個々の枝についても大切な考え方で、枝が太く強く成長できるよう、低い位置にある枝や内側の枝を残すようにしてください。

成木の剪定 Pruning Mature Trees

若い苗木の剪定も公園の大きな成木の剪定も原則はほぼ同じですが、注意すべき重要な違いもあります。成木では骨格枝が大きく発達しています。骨格枝を切ってしまうと、大きな傷が塞がらない可能性があり、かつ区画化もあまり期待できないでしょう。剪定では、葉をつける枝の25%以上を取り除いてはいけないという定説があります。成木であれば10%の剪定でさえ悪影響を及ぼします。老木や健康状態の良くない木の場合には、大きな枝を1本切っただけでも、その回復に必要なエネルギーを持ち合わせていないかもしれません。若木のうちに適切に仕立てておくことで、成長後に要する生きた枝の剪定を最小限にとどめるのが理想的です。

剪定のテクニック Pruning Techniques

剪定の主な手法には、クリーニング、シンニング、レイジングそしてリダクションがあります。どのタイプの剪定を行うのかは、例えば、危険な枝を減らすため、空間を確保するため、光を入れるため、といった目的によって変わってきます。

クリーニング（クラウン・クリーニング）は、枯れ枝や病気の枝、折れたり裂けたりといった損傷を受けている枝などを取り除くものです。特に枯れ枝を取り除くことを**デッドウッディング**と呼びます。クリーニングでは生きた枝を不必要に切ることがないため、成木剪定に向いています。

クリーニングとは不要なものを取り去る"掃除"のことですが、これに加えて、この剪定で対象となる枝は、いわゆる危険枝でもあるので危険を取り除いて樹木の安全性を高めるための剪定（**リスクリダクション・プルーニング**）という面も持ち合わせています。

シンニング（透かし、枝抜き）は樹冠の密度を低くするための剪定で、比較的細い生きた枝が対象になります（**図5.19**）。樹冠の形を保ちつつ、樹冠全体に葉量が均等になるよう剪定します。これによって

図5.19　シンニングでは、内側の枝を適度な間隔で維持するよう努めなくてはなりません。それぞれの枝に沿って葉が均等についている状態にすることが大切です。

葉の密集した箇所が受ける風の力を弱めることができ、枝の重量を軽減します。樹冠のシンニングは、自然な樹形を維持しつつ、樹木の持つ構造的な美しさを際立たせることができます。

　大枝のシンニングでは樹冠の内部が空洞化しないよう、内側の枝を適度な間隔で残し、全体的にバランスよく葉がついている状態にすることが大切です。内側の枝葉をすべて切って**ライオンテール**（ライオンの尾のように枝先だけに葉がある状態）にしてしまわないよう、くれぐれも注意してください（図5.20）。枝の重心が先端へ移ったり、幹焼けや**徒長枝**が発生したり、枝の衰弱の原因にもなります。またライオンテール状態の枝は風で大きく押されるため、折れやすい傾向があります。

　都市計画や景観形成において、建物や通行する車、歩行者のための樹下空間確保、見通し改善のために、低い位置にある枝を取り除くこともあります。これを**レイジング**（あるいはリフティングとも）といいますが、この時もやはり枝を減らし過ぎることがないよう注意してください（図5.21、図5.22）。幹の健

図5.20　ライオンテールにしないようにしてください。枝が折れやすくなりますし、樹勢が衰える原因にもなります。

図5.21　レイジング前（左図）とレイジング後（右図）

図5.22　片側だけの剪定前（左図）と剪定後（右図）

全な肥大成長を守り、安定した強い構造を維持して
いかなくてはなりません。

　電線に枝がかかる樹木など、樹冠を小さくして樹
高を下げたり、枝の広がりを切り詰めたりしなくて
はならないこともあります。こうした場合に用いる
のが**リダクション**です（**図5.11**参照）。リダクショ
ンは頂枝を切り詰める方法の1つで、この頂枝の役
割を引き継ぐことができる程度の太さ（一般的には、
切る枝の径の少なくとも1/3の径）の側枝まで切り
戻すのが理想です。仕上げのカットでは、その側枝
の基部のブランチバークリッジを傷つけたり、スタ
ブを残したりすることがないよう注意すべきです。
適切なリダクションを行えば、安定した構造と自然
な樹形を維持することができ、その後の手入れが少
なくて済みます。

　成木にとって、リダクションはシンニングよりも
ストレスの大きいものです。頂枝を剪定するため枝
と幹の結合部とは異なり、ナチュラルプロテクショ
ンゾーンがないため傷の癒合や腐朽の区画化があま
り期待できません。この場合でも、切り口が小さけ
れば癒合や区画化が進みやすくなります。樹種によ
ってはリダクションに対する耐性の高いものもあり
ますが、そうした樹種だけを扱うわけではないので
剪定技術を磨いておくことが大切です。

　トッピングは、枝を芽や小枝まで切り戻したり、
芽も枝も出ていない箇所でカットしたりする方法

図5.23　樹高を低くする必要がある場合、親枝やしっかり
とした側枝まで切り戻します。スタブを残したり（棒状に枝
を切り残したり）、細い側枝で切り戻したりしてはいけませ
ん。

図5.24　成木に対する強度のリダクションは、たとえカットが適切であったとしても、大きなストレスとなります。

図5.26　トッピングで残されたスタブの多くは腐朽してしまいます。また、切り口の下から新たに出る萌芽枝は結合が弱く、危険因子となる可能性が高いです。

図5.25　トッピングされた木は危険因子となる可能性がありますし、見た目もよくありません。

枝は、構造的にしっかりした枝まで切り戻します。枝先の萌芽枝のうち将来に残すものとして、親枝との結合が強いものを1、2本選び、他は取り除きます。残した萌芽枝はその後、成長を管理するための剪定が必要になるかもしれません。基本的にレストレーションは、何年かかけて複数回の剪定を行う必要があります。レストレーションは風雪害を受けた樹木に対しても用いられます。

切り口の被覆剤　Wound Dressings

　切り口に**被覆剤**を塗布することは、かつては切り口の癒合を速め、虫や病気の侵入を防ぎ、腐朽しにくくする効果があると考えられていました。しかし一般的に使用されていたアスファルトベースの被覆剤は、腐朽防止の効果がないことが調査で明らかになっています。また、虫や病気の侵入防止や切り口の癒合促進についても、ほぼ例外なく効果はありません。特殊なケースでの有益な効果を示した研究事例もありますが、一般的には見栄えのために使用することがほとんどです。使用する場合には、樹木に害のない原料のものを薄くコーティングするだけに留めておきましょう。

で、あらかじめ決められた樹冠サイズまで小さく切り戻す際に用います。トッピングは切った枝先での萌芽や腐朽がしばしば発生します。この萌芽枝は親枝との結合が弱く、成長して重量が増してくると裂け落ちる危険因子となり、残された幹（枝）部分は腐朽しやすく、そこから幹の内部（枝元）へと腐朽が進行することもあります。トッピングはお薦めできる手法ではありません。

　一度トッピングしてしまうと、その自然な樹形と構造的な強度を取り戻すことは難しいでしょう。このような時には、**レストレーション**（樹勢回復）が樹木の安全性と樹形改善に役立ちます。腐朽した幹や

第 5 章 練習問題

用語の説明として、当てはまる内容（A～H）を選択しなさい。

トッピング：＿＿＿＿

鞘：＿＿＿＿

レイジング：＿＿＿＿

入皮：＿＿＿＿

ブランチカラー：＿＿＿＿

剪定バサミ：＿＿＿＿

ライオンテール：＿＿＿＿

クリーニング：＿＿＿＿

A．枯れたり折れたりした枝の除去

B．枝を切断する手道具

C．下層の枝の除去

D．シンニングの悪い例

E．剪定ノコギリの外装

F．枝の基部の膨らんだ部分

G．樹冠を小さくする際の好ましくない切り方

H．枝のまたで危険因子となることがある

次の文の記述内容は、正しいか誤りか選択しなさい。

1. 正 誤 適切でない剪定は、後々まで影響するダメージを樹木に与える可能性があります。
2. 正 誤 アンビルタイプの剪定バサミの方がバイパスブレードタイプのものよりも好まれます。
3. 正 誤 刈込みバサミは低木の剪定に最も適した道具です。
4. 正 誤 剪定ノコギリの多くは押し出す際に切れるようにつくられています。
5. 正 誤 特定の樹種を春に剪定すると樹液が流れ出ることがありますが、樹木への悪影響はあまりありません。
6. 正 誤 枝を切る際の仕上げのカットはブランチカラーのすぐ外側で行います。
7. 正 誤 大きくて重量のある枝は3段階に分けて切ります。
8. 正 誤 樹木が若いうちに、骨格枝の構造を確立しておくのが望ましいです。
9. 正 誤 ブランチバークリッジは枝の下側にあります。
10. 正 誤 樹木の成長特性や成長の速度といったものは、剪定では考慮する必要はありません。
11. 正 誤 大きな枝を切ると、老木にとっては深刻なストレスとなる可能性があります。
12. 正 誤 相互優勢幹は、暴風にも耐える強固な構造であることを意味します。
13. 正 誤 入皮は枝の結合を弱めます。
14. 正 誤 幹の細りが少なくなるよう（根元から梢に至る幹の直径差が小さくなるよう）、若木のうちに低い位置にある枝を取り除いておくべきです。
15. 正 誤 剪定では、下から2/3の高さまでは葉量を半分は維持するというのが定説です。
16. 正 誤 クリーニングは枯れ枝や病気の枝、折れたり裂けたりといった損傷を受けている枝などを取り除くものです。
17. 正 誤 枝を元まで切り戻す場合の正しいカット位置は、ブランチカラーのすぐ外側です。
18. 正 誤 トッピングは、樹冠を小さく切り詰めるのに適した切り方です。
19. 正 誤 トッピングは、成長の早い樹種や材の強度が低い樹種に適した切り方です。
20. 正 誤 トッピングは、主要な根を失った樹木に対してのみ行うことができます。

21.　**正　誤**　樹冠内部の過度のシンニングによって、エネルギー生産量が減り、樹勢が衰えるとともに枝の機能障害が起きやすくなります。

22.　**正　誤**　レストレーションすることで、トッピングによって失われた健全な構造や樹形を改善することができるでしょう。

23.　**正　誤**　一般的に、樹冠の25％以上を切ってしまうような剪定は避けるべきです。

24.　**正　誤**　一般的に、大きな成木は強度の剪定に対する耐性も高くなります。

25.　**正　誤**　被覆剤は、切り口の癒合を早め、虫や病気の侵入を防ぐために広く推奨されています。

それぞれ1つずつ解答を選択しなさい。

1．リダクションは、＿＿＿＿＿ 場合に用いる方法です。
- a．樹高を下げる
- b．主枝を側枝まで切り戻す
- c．下層の枝を取り除く
- d．枝をスタブに切り戻す

2．枝を取り除く際の仕上げのカットは ＿＿＿＿＿ のすぐ外側で行います。
- a．ブランチカラー
- b．形成層
- c．幹の細り（テーパー）
- d．節間

3．樹冠の密度を下げるために行う、細い生きた枝の剪定を ＿＿＿＿＿ と呼びます。
- a．レストレーション
- b．ドロップクロッチング
- c．レイジング
- d．シンニング

第 6 章

リギング

Rigging

キーワード

リギング　*rigging*

力　*forces*

摩擦（まさつ）　*friction*

リギングポイント　*rigging point*

衝撃荷重（しょうげきかじゅう）　*shock-loading*

静荷重（せいかじゅう）　*static load*

動荷重（どうかじゅう）　*dynamic load*

引張強度（ひっぱりきょうど）　*tensile strength*

限界使用回数（げんかいしようかいすう）　*cycles to failure*

安全係数　*design factor*

使用荷重（WLL）　*working-load limit (WLL)*

ブロック　*block*

プーリー　*pulley*

複滑車（ふくかっしゃ）　*block and tackle*

メカニカルアドバンテージ（倍力）　*mechanical advantage*

フォルス・クロッチ　*false crotch*

アーボリストブロック　*arborist block*

ベンドレシオ　*bend ratio*

コネクティングリンクス　*connecting link*

スクリューリンクス　*screw link*

クレビス　*clevis*

シャックル　*shackle*

カラビナ　*carabiner*

ロック式ゲート　*locking gate*

ダブルロック式ゲート　*double-locking gate*

スリング　*sling*

アイスプライスロープ　*eye-spliced rope*

ガース・ヒッチ　*girth hitch*

ウーピースリング　*whoopie sling*

eye-to-eyeスリング　*eye-to-eye sling*

フリクションデバイス　*friction device*

ボラード　*bollard*

ロードライン　*load line*

カウ・ヒッチ　*cow hitch*

ハーフ・ヒッチ　*half hitch*

ランニング・ボーライン　*running bowline*

クローブ・ヒッチ　*clove hitch*

バットタイ　*butt-tied*

チップタイ　*tip-tie*

バランス　*balance*

タグライン　*tagline*

プルライン　*pull line*

バットヒッチング　*butt-hitching*

ドロップ・カット　*drop cut*

カーフ（斧目（おのめ））／切れ目　*kerf*

スナップ・カット　*snap cut*

ヒンジ・カット　*hinge cut*

受け口　*notch*

ランディングゾーン　*landing zone*

コマンド＆レスポンス・システム　*command & response system*

イントロダクション　Introduction

　アーボリカルチャーにおける**リギング**とは、幹や枝を切ったりして下ろすために、ロープや器材を使う技術を指します。リギングは伐木・剪定にも深く関わっていますが、剪定ではその作業手順が特に重要となります。リギングは何らかの危険や障害物、電線等があって、切った材をそのまま下に落とすことができない場合に必要な技術です。剪定した枝を下ろす場合は、残す枝や幹・根系にダメージを与えないよう注意しなくてはなりません。リギングテクニックを用いれば、大きな枝を「小さく刻んで」落としていくよりも短い時間で、切った枝の動きを制

図6.1　リギングではロープやさまざまな器材を用いて、大きな枝などを安全かつ効率的に除去できます。

図6.2　新しい技術はまずは周囲に支障のない場所で練習し、その安全性や操作技術を確かなものにすることが大切です。

御しながら下ろすことができます。（訳注：大きいものを下ろすのは効率が良いですが危険も高まります）

　この章では基本的なリギングの道具やテクニックについて紹介します。ここで取り上げる方法は基礎的なものに留め、用語の説明を入れつつ、わかりやすい言葉で進めていきます。

　リギングでは大きな材を、安全かつ効率的に地上へ下ろすため、ロープやさまざまな器材を使用します（図6.1）。使用するすべての器材は強度に関する制約や限界値があり、これらの制限を越えないようにすることが極めて重要です。器材に掛かる荷重を制限するテクニックもありますが、切断する幹や枝の重さは推測によるため、リギング器材の使用経験や適切なテクニックの選択が重要となります。

　大きな材のリギングは、ツリーワークの中でも最も危険な作業であることは間違いありません。新しい道具やテクニックを取り入れる際には、たとえ経験豊富なクライマーであっても、まず周囲に支障のない安全な場所で練習し経験を積んで、安全性やコントロール方法を確かなものにしておくことが大切です（図6.2）。

　本書はアーボリカルチャーの入門的な教育ツール

です。トレーニングプログラムの一部として使用されることはあっても、その代わりとなるものではありません。使用する道具や技術について説明、図示してありますが、実際の作業現場でいきなり試すのではなく、最初に使用器材や操作技術についてしっかり理解し、練習した上で作業に取り入れてください。また本書で紹介する基本的な操作技術は、それぞれの作業現場の状況に合わせて検討し、時には変更を加えることも必要となります。

　作業に必要な器材すべての正しい使用方法を確実に理解し、常に安全作業を実践してください。作業内容や要件に該当する国や地方自治体の基準についても、しっかり理解しておきましょう。ISAが提供しているさまざまな情報やトレーニングも活用してください。

リギングで生じる力　Forces in Rigging

　リギングで生じる**力**の研究や理解はアーボリストの間で始まったばかりです。ロープや器材を使って大きく重量のある枝や幹を下ろすことで、大きな力が生じることは明らかです。リギングで発生する力は、用いる器材や方法によって大きく変わります。この力の大きさを決める基本要素は、材のサイズと重さですが、加えて落下距離やリギングシステムで使用するロープの種類や長さ、各ロープと器材の設置角度も影響を及ぼします。適切な器材を選び、発

生する力を最小限に抑えるテクニックを用いて、リギングに伴うリスクを軽減させることが重要です。ただ1つ忘れてはいけないことは、ロープや器材の性能がいくら向上したとしても、樹木自体がリギングで発生する大きな力に耐えられるのか、つまり樹木にも耐えられる限界があるということです。

　摩擦（フリクション）はリギングシステムにおいて最も重要な要素です。摩擦がなければグラウンドワーカーが、自分より重い材をコントロールして下ろすことはできません。摩擦とは、接触している物体間で反対方向に働く力のことで、相対運動を妨げる力です。ロープは伸びることで落下する材の運動エネルギーを吸収します。**リギングポイント**での摩擦が大きければ大きいほど、リギングラインの比較的短いリード部分（リギングポイントから材までの部分）は、著しく大きな力を受けることになります（**図6.3**）。そしてこの力は回数を重ねるごとに、リギングラインの寿命を縮めます。摩擦はリギングにおいて常に考慮しなくてはならない要素ですが、比較的重量のある材で大きな**衝撃荷重**（動荷重の一種）が予想される場合は特に重要となります。

　まず理解しておかなくてはならないことは**静荷重**

図6.4　動いている物体を止めると動的な力が急激にロープや器材にかかり、衝撃荷重が発生します。

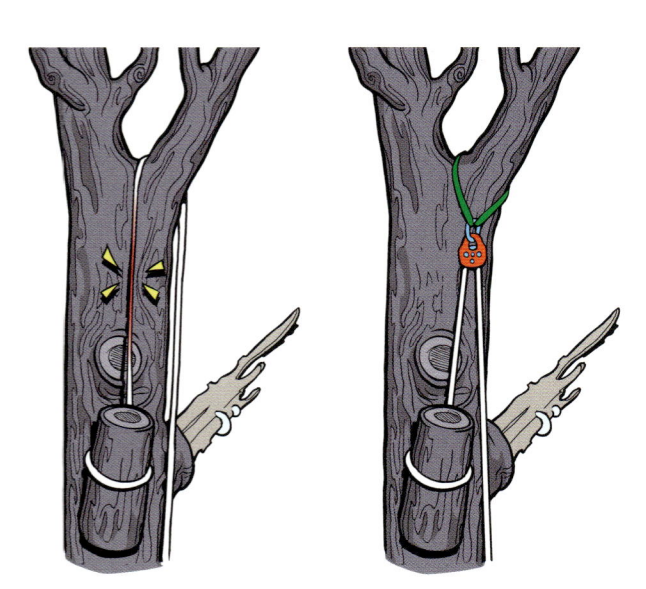

図6.3　ナチュラル・クロッチリギングのように、リギングポイントでの摩擦が大きいほど、リギングラインの比較的短いリード部分（リギングポイントから材までの部分）にかかる力は著しく大きくなります。アーボリストブロックを使えば、その力をより長いリードで受けて分散させることができます。

図6.5　動荷重は、物体が動くことによって急激に変化する荷重のこと。（訳注：ナチュラル・クロッチリギングは材のコントロール性が悪く、ロープと木を傷めるためおすすめではありません）

と**動荷重**の違いです。静荷重とは変化することのない一定した荷重であり、動荷重は物体の運動によって向きや大きさが変化する荷重です（**図6.5**）。アーボリストリギングにおいては、材の重量そのものが静荷重であり、落下する材を止める際にかかる力が動荷重です（**図6.4**）。このとき動荷重は静荷重（材の重量）の何倍にもなる可能性があります。

動荷重は、同等の数値の静荷重よりも早くロープや器材を傷めます。つまり500kgの物をゆっくり持ち上げるよりも、100kgの物を落として500kgの動荷重を受ける方がロープへの負担が大きくなるのです。動荷重についての判断を間違えば、器材の破損につながります。

製造元が公表している**引張強度**は、ロープや器材の破断強度（試験した器材が破損する力）です。ロープは使用を重ねるうちに、汚れや摩耗、ノット、そしてかかる荷重によって強度が低下していきます。**限界使用回数**も考慮しなくてはなりません。1度リギングを行えば、1回と数えます（**図6.6**）。その1回ごとにロープは劣化していき、最終的には破断します。荷重が大きければ大きいほど、この限界使用回数は少なくなります。ロープにかかる荷重が引張強度と同じならば、たった1度の使用でもロープは

破断するかもしれません（この場合の限界使用回数は1回ということになります）。

安全係数（安全率とも呼ばれる）は使用条件や環境に基づいて決まります。アーボリストリギング向けの器材に関しては、動荷重や摩耗度の大きさ、汚れによる傷みやすさの度合いを考慮して、一般に安全係数5以上が用いられます。公表されているロープや器材の引張強度を安全係数で割ったものが**使用荷重**（**WLL**：working-load limit）ですが、この値を超えて使用してはいけません。使用荷重は引張強度よりもかなり低い値で、たとえば公表されている器材の引張強度が10t、安全係数が5の設定であれば、その器材の使用荷重は2tになります。また多くの場合、器材にかかる荷重は材の重さの何倍にもなることも覚えておいてください。

リギングシステムはそれぞれ使用荷重の異なるさまざまな器材で構成されているため、各構成要素について考慮することが重要です（**図6.7**）。通常、リギングラインを最も弱い構成要素として、システムをデザインします。安全で効率的なリギングシステムを構築するためには、樹木について理解しておくだけでなく、使用する器材の仕様や限界を理解しておくことが大切です。実際のところ、リギングで発生し得る力や荷重について、しっかりと考え抜かれ

図6.6 どの器材にも破損までの使用限界回数があり、使用する度に1回としてカウントします。かかる荷重が大きければ、その限界使用回数は少なくなります。

図6.7　製造元の定める使用荷重（WLL：working-load limit）が表示してあるものも多くあります。

図6.8　通常、リギングラインを最も弱い構成要素としてリギングシステムをデザインします。

ていないことが多々あります。システムを構成する器材が1つでも破損すれば、建物への被害や怪我、果ては死者を出すような悲惨な結果に至る恐れがあります。アーボリカルチャーにおいて、リギングほど複雑で危険を伴うものはありません。専門的な知識と経験が不可欠です。

ロープについて　Learning the Ropes

"3章 ロープとノット"では、数種類のロープを比較し、素材や構造について簡単に触れました。ここではリギングで使用するロープを取り上げていきます。リギングロープにはいくつかの特性が求められます。大きな荷重に耐えられる強度がなくてはなりません。荷重がかかった状態での粗い樹皮との摩擦に対する耐久性がなくてはなりません。そして材の落下距離をコントロールするために、伸縮性（伸び率）には制限が必要です。製造元がツリーケア用として推奨しているロープを選んでください。

リギングで使用するロープは、作業に応じた十分な太さと強度のあるものでなくてはなりません。リギング用の新しくて未使用状態のロープの使用荷重は一般に引張強度の20％とされており、数多くの作業をこなしてきたロープであればこの値は更に低くなります。

使用荷重はロープで安全に繰り返し作業することができる最大荷重の概算値です。当然ながら、繰り返しの使用や衝撃荷重による損耗に伴って、使用荷重は小さくなっていきます。またノットによる強度低下があることも忘れないでください。使用するノットによっては使用荷重が50％も下がる可能性があります。

ロープの引張強度は安定した荷重のもとで計測された値である、ということを覚えておいてください。ツリーワークで発生する荷重が安定したものであることは滅多にありません。動いている（落下する）材を、ロープが"受け止める"こともよくあります。その材の落下距離が長ければ長いほど、ロープにかかる力は大きくなります。落下する材を急に止めるということは、ロープに衝撃荷重（急激な動荷重）を与えることになり、その衝撃荷重は材自体の重さよりもはるかに大きな値となります。こうしてロープの使用荷重を容易に超えてしまうのです。

　ロープは使用前に必ず点検してください。ストランドが切れたり擦れたり、ガラス化した箇所（繊維が溶けた跡）がないか調べてください（図6.9）。またロープの径が不均等になっている部分がないか確認してください。衝撃荷重や無理に引き伸ばされることでロープの構造が壊れてしまうことがあり、そうするとロープの外観上、膨らみや砂時計のくびれのような形で現れます。

　信頼できるロープで安全に作業するためには、その適切な管理が不可欠です。燃料やオイル、塩類、バッテリー、薬品類といったものの近くで保管してはいけません。剪定の道具やチェーンソーといった

　鋭利な刃物や尖った物のそばには置かないでください。また、ロープは汚れを落として乾いた状態を保つよう心がけてください。汚れたままの状態でロープを使い続けていると、繊維の劣化が早まります。

リギングで使用する器材　Equipment

　使用する器材を科学的な面からしっかり理解していれば、状況に応じた適切な器材を選ぶことができ、作業の安全性や生産性を高めることができます（図6.10）。新しい製品が日々市場に登場しており、他の業界から取り入れたものもあれば、ツリーワークのために設計されたものもあります。リギングで使用する器材は大きな負担を伴う重要な役割を担っているので、適切な器材を選び、その設計上の制限内で使用しなくてはなりません。作業に適した器材を選択するために、それぞれの器材を選択する場合の利点や制限事項を理解しておく必要があります。

図6.9　ロープは使用前に必ず点検しましょう。切り傷や擦れ、ガラス化した部分や径が不均等な部分がないか確認してください。

図6.10　アーボリストは作業に適した器具と技術を選ばなくてはなりません。

ブロックとプーリー　Blocks and Pulleys

　ブロックとプーリーという言葉は同じ意味で用いられることもありますが、ツリーワークの世界では、プーリーといえばロープを通すための溝を備えた小さな滑車（シーブ）であり、ブロックはそれよりも頑丈で重量物に耐え得る滑車のことを指します。ほとんどのプーリーがロープや他の器材に取り付けるた

めのコネクティングリンクスを別に必要とするのに対して、ブロックは直にロープスリングで取り付けることができます。またブロックの多くは、横にスライドして開くようになっており、ロープを途中から差し込んで使うことができます。プーリーにもこのタイプもありますが、わざわざロープの端から通す必要がないためとても便利です。

　リギングではブロックを多用します。**複滑車**による**メカニカルアドバンテージ（倍力）**システムを用いれば、ロープを引く力を倍増させることもできます。一般的なのはブロックを樹上に吊るして**フォルス・クロッチ**とする使い方ですが、その方法は後で取り上げます。

　ブロックを使用することでロープの損耗をかなり軽減することができます。木に直接ロープをかけた場合に発生する摩擦が、ブロックを通すことでほとんどなくなるためです。正しく設置すれば、重量のある材を引き上げたり、下ろしたりするのに必要な力を減らすことができます。ロープを樹皮の上で直接走らせるのと比べてロープの損耗が減るだけでなく、かかる荷重をロープ全体に分散することで衝撃が軽減しますし、木へのダメージを抑えることができます。

　ブロックやプーリーは、スチールやアルミニウム、あるいはその2つの素材の組み合わせでできています。これらの器具は動荷重（衝撃荷重など）による衝撃を繰り返し受けますので、その強度と金属疲労特性を考慮する必要があります。**アーボリストブロック**は重量物や衝撃荷重に耐えるプーリーであり、リギングラインを通すための大きな回転シーブと、ロープスリングを取り付けるための小さな固定シーブを備えています。これは工業用の大型のスナッチブロックをアーボリスト向けに応用したものです。特徴的なのはそのサイドプレートで、シーブの径よりも幅を広くとることでロープを摩耗から守っています。

　ブロック以外のプーリー（**図6.11**）は、荷重が明らかな静荷重のものをその真上からリギングする場合に限られ、摩擦による抵抗を極力減らす必要がある場面で使用するものです。重量物や動荷重の発生するリギングを想定した器材ではありません。

　リギングでブロックやプーリーを使用する際に

図6.11　プーリー

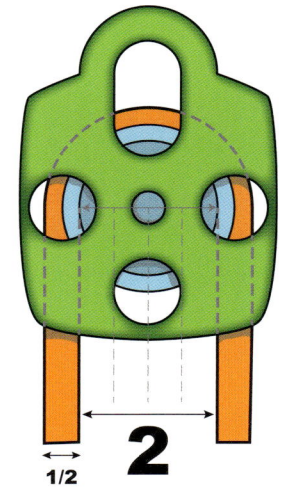

図6.12　一般的には、プーリーの径はロープ径の少なくとも4倍、ベンドレシオ4：1とされます。

は、ロープもそれに適したものを使用しなくてはなりません。径が太すぎるロープでは正しく機能できませんし、ブロック（プーリー）とロープの双方にダメージを与えかねません。一般的には、滑車の径はロープ径の少なくとも4倍、つまり**ベンドレシオ4：1**とされます。（**図6.12**）。また通常、ブロックとの相性は3ストランドロープよりもブレイドロープの方がよいです。ブロックの点検や手入れも怠らないでください。バリや何らかの突起ができていたりすると、リギングラインを傷めてしまいます。

コネクティングリンクス　Connecting Links

　コネクティングリンクスは、ロープと他の器具を手早く簡単に連結するために使います。ただ、コネクティングリンクスの多くは、動荷重が発生するような場面には向いていないため、断幹などで使用することはほとんどありません。

　クライミングではアルミニウム製コネクティングリンクスのものが軽いため好まれますが、スチール製のものはアルミニウム製よりもはるかに高い強度と耐疲労特性を備えています。リギングでは重量のある幹や枝を扱うこと、また繰り返し荷重がかかること、そして動荷重が発生することなどを考えると、スチール製のコネクティングリンクスを使用するのが現実的です。

スクリューリンクス（クイックリンクス）は、頻繁に開閉する必要のない連結部で役立つコネクターです（図6.13）。コンパクトなサイズの割に強度がありますが、他のスクリューロック式のコネクター同様、意図せずゲートが開いてしまう可能性があります。ロープがスクリューゲートの上を通るようなことがないよう注意しましょう。スクリューロック式のカラビナとは異なり、スクリューリンクスはレンチで固く締めて使用できます。

クレビスや**シャックル**は、工業分野の荷役作業でよく使われています（図6.14）。大きなサイズのものも珍しくないので、大きなスクリューリンクスが手に入らない場合には丁度いい代用品となります。使用上の注意事項もスクリューリンクスと同様です。

カラビナはリギング器具を取り付けたり、ロープに取り付けたりするのに用います。たとえば、プーリーを吊るしたり、ロープを確保したり、また器材同士を連結したりします。カラビナのサイズや強度はさまざまですが、リギング作業では重量物に耐え得るスチール製、かつ**ロック式**か**ダブルロック式ゲート**（現在はダブルのオートロックが一般的）のカラビナを選びましょう（図6.15）。

カラビナは常にそのメジャーアクシス（長軸）方向に荷重がかかるように使用しなくてはなりません。これはカラビナの最も弱いポイントであるゲートにかかるストレスを減らすためです。カラビナの定格引張強度はメジャーアクシス方向にかかる荷重に基づいた値であることに注意してください。荷重のかかる方向がメジャーアクシス方向から外れている場合には、そこまでの強度はありません。カラビナは日常的に点検し、ゲートがきちんと機能しているかどうかを必ず確認してください。

スリング　Slings

スリングは、ロープやナイロン素材のチューブ状・帯状の紐が輪になったもの、あるいは**アイスプライスロープ**の短いタイプのもので、ロープや器材を素早く簡単につないだり、木に取り付けたりすることができます。スリングにはさまざまなサイズや長さのものがありますが、その多くは大きな荷重に耐えることができます。ウェビング（帯状の）スリングは通常、幹や枝に巻きつけ、自身のループに通して締めるガース・ヒッチでセットして使うことが多いでしょう。

確実なリギングを行うためには、アイスプライスしたロープスリングを使用します。木にセットする際のノットは、カウ・ヒッチやティンバー・ヒッチなどいくつかあります。スリングのアイはブロックなどのリギング器材に取り付けるためのもので、一

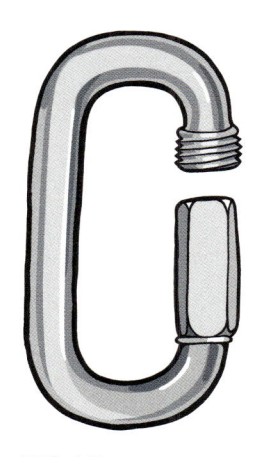

図6.13
スクリューリンクス

図6.14　クレビス

図6.15　カラビナにはさまざまなサイズや強度のものがあります。
リギングでは頑丈なスチール製で、ロック式かダブルロック式ゲートのカラビナを選びましょう。

般的に**ガース・ヒッチ**を用います。間違ってもスリングのアイにラインを通したりしないでください。スリング自体の長さを調節することができるタイプのものもあります。**ウーピースリング**と呼ばれる**eye-to-eye**（両端がアイになっているスリング）（**図6.16**）は、片方のアイの大きさが調節可能なため、長さを調節したい場合に便利です。

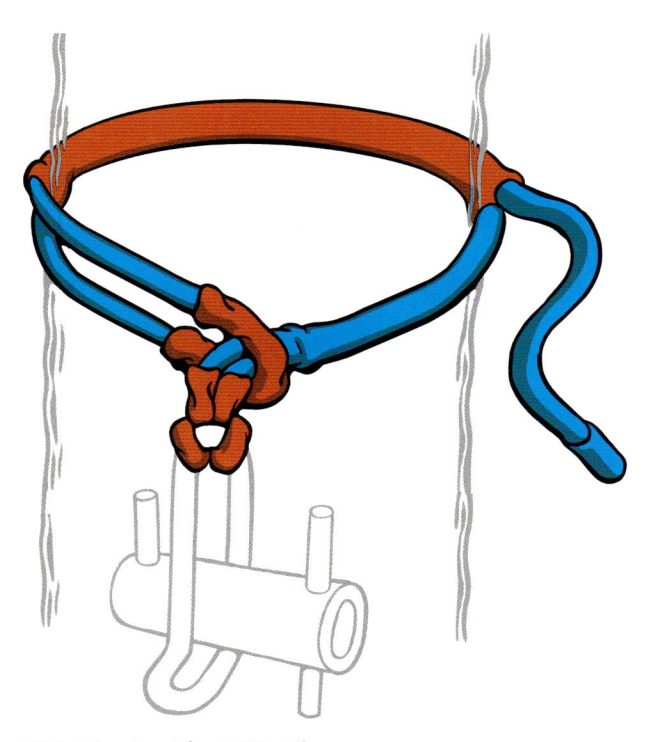

図6.16　ウーピースリング

フリクションデバイス　Friction Devices

　アーボリストは、樹上で切った枝や幹を下ろす際、ロープとフリクションデバイスの摩擦を利用してその動きをコントロールします。昔はリギングラインを幹に巻きつけて摩擦抵抗を得ていましたが、毎回条件が異なるこの方法（同じ木は1本としてありません）を習得するには、かなりの経験を積まなくてはなりません。またひと抱えもあるロープを幹に巻きつけるのも楽な作業ではなかったでしょう。現在ではツリーワーク向けの**フリクションデバイス**がありますから、幹にロープを巻きつける方法よりずっと作業しやすくなっています（**図6.17**）。フリクシ

ョンデバイスならロープの摩耗はかなり抑えられ、ロープのたるみを取るのも簡単です。また、リギンググローブを途中で巻きつけることができます。

　ツリーワークに特化してつくられたポータラップ（Port-a-wrap）／リガー（Rigger）は、ライトリギング用の持ち運びに便利なフリクションデバイスで、スチール製とアルミニウム製のものがあります。スリングで幹にセットしたポータラップにリギングラインを巻きつけ、その巻き数で摩擦力の大きさを調節します。

　ツリーワークで使用する**ボラード**タイプのロワーリングデバイス（※bollard：一般的には、船を係留するための杭や道路の安全柱の意）は、**ロードライン**を巻きつけるための筒状のパーツ（ドラム）を備えた器材で、やはり木に固定して使用します。ドラムの径が大きくベンドレシオに余裕があるため、リギングラインの強度低下を最小限に抑えられます。ヘビーリギングにはポータラップよりもこのタイプのフリクションデバイスが適しています。

　ボラードタイプのロワーリングデバイスの中には、ラチェット機構を備えたものもあり、このタイプだと重量物をいったん上げてから下ろすといった操作も可能です。

　GRCS（Good Rigging Control System）™はもともとは船舶用のウインチを樹木据付用フレームに設置してリギングに使用したものです。このウインチを使えば、重量物も楽に効率的に吊り上げることができます。モジュラー（ユニット方式）設計になっているため、ウインチ部をアルミドラムに交換することにより、大きな荷重が予想される場面でも使用することが可能です（この場合ウインチ機能は使えません）。

　これまでも同じくリギングやビレイ用のデバイスが数多く開発されてきました。そのほとんどがスチールやアルミニウム製のドラムにロープを巻きつけて使用するタイプのものです。ポータラップのように、軽〜中程度のリギングで非常に有効であることを実証してきたものもあります。ただし、あくまでも〝ライトリギングにおいて〟ということを忘れないでください。重量物用のものと比べてかなり安価に入手できますが、重量物のリギングで使用すべきではありません。

図6.17 ツリーワーク向けのフリクションデバイスを用いれば、幹にロープを巻きつける方法よりもずっと作業しやすいです。ロープの摩耗はかなり抑えられますし、ロープのたるみを取るのも簡単です。またフリクションデバイスなら、ロープを途中で巻きつけることができます。

フリクションデバイスというのは落下物のエネルギーをリギングラインの伸びで吸収するのではなく、熱に変換することで消散させます。したがって、金属の表面を滑るリギングラインが熱によるダメージを受ける可能性を認識しておかなくてはなりません。一部のボラードには、放熱用の冷却システムを備えたものもあります。

すべての器材について言える事ですが、こうしたデバイスの使用に当たっては適切な指導や講習を受けることが重要です。たいていの製造元が取扱説明書や使用に当たっての注意事項などの情報を提供しています。新しい器材やテクニックを自身のリギング装備として取り入れる前に、必ず安全な環境で試用してください。

リギングテクニックの基礎
Basic Rigging Techniques

知識と経験を重ねることでクライマーのリギングテクニックに関する引出しは増え、確かなものになっていきます。知れば知るほど、リギングにおいて考慮しなくてはならない多くの不確定要素を理解できるようになるでしょう。リギングのプランニング過程に触れることは初心者にとって大切なことです。対象木やその現場で制限となるものは何か？どういった器材、テクニックを採用するのか？数ある選択肢の中から計画を立てていくスキルは経験と共に身に付き、リギング作業を安全かつ効率的に行うことができるようになっていきます。

リギングで用いる器材やテクニックは、状況に応じて異なります。剪定の場合には、切った枝を下ろす際に、残す枝や幹にダメージを与えないように注意しなくてはなりません。伐木のためのリギングであれば、作業方法の選択肢が増えます。この時そのシステムや使用する個々の器材の利点や制限について、しっかりと理解していなくてはなりません。

切ったものを地上へ下ろす方法はいくつもあります。目指すべきは、安全性を確保した上で最大限の効率を得られる方法でしょう。リギング器材を充実させ、器材に対する理論的理解を深めることで、作業が容易になるでしょう。また、道具の損耗は軽減し、さらに大きな材でも安全に下ろすことができるようになります。

切った枝をロープを使わずに、樹上から投げて安全に地面に落とせる場合もありますが、ここではロープで下ろす場合の方法について説明していきます。

リギングポイントは、切断部よりも上に取るのが基本です。そうすればリギングラインにかかる荷重を最小限にでき、またコントロールもしやすくなります。リギングラインはフォルス・クロッチで取ったリギングポイントを通してカットする枝や材に結び付けます。

フォルス・クロッチの設置
Installing a False Crotch

　リギングポイントとして、アーボリストブロック が広く用いられるようになっていますが、これには しっかりとした理由があります。ブロックを使えば 比較的一定の摩擦が得られ、リギングライン全体が 機能して衝撃荷重を吸収することができます。

　ブロックは安全かつ現実的な範囲内で、できるだ け高く、かつクライマーのタイインポイントからな るべく離れた位置に設置します。システム内で機能 するロープが長いほど、衝撃荷重を軽減することが できるため、高さによってその長さを確保できる利 点があります。またリギングポイントとクライマー のタイインポイントは、可能な限り別々の枝に取り ましょう。切り離した枝がクライマーや障害物にぶ つからないよう、切り離した枝のスイングする方向 を考えてブロックを設置してください。下ろす枝が リギングラインやクライミングラインに絡まった り、他の枝や幹に引っかかったりしないような位置 に設置できれば理想的です。主幹から離れた箇所に ブロックを設置する場合は注意が必要です。切り離 した枝の荷重で、その枝が折れてしまうかもしれま せん。

　ブロックの設置に使用するロープスリングには、 リギングラインの2倍以上の使用荷重（WLL）が必 要です。ブロックにかかる力は、リギングラインに かかる荷重の2倍（と摩擦抵抗）ほどになるためです （図6.18）。ブロックの固定シーブにスリングのア イを取り付けますが、固定シーブの直径はスリング 径の少なくとも3倍（ベンドレシオ 3：1）は必要 です。またアイの長さがシーブ径の少なくとも3倍 あれば、スプライス部分に過度のストレスがかかり ません。

　木への取り付けには**カウ・ヒッチ**を用います。そ の結び方は、まずスリングを幹や枝に1巻きしてス プライス部分をすくって折り返し、そのまま逆向き にまた1巻きします。先端を先ほどの折り返し部分 に通して締め、全体の緩みを取ります。スプライス に対して**ハーフ・ヒッチ**を結び、折り返し部分に詰 まらせるようにして締めます。余ったスリングは、 木に巻いたスリングにらせん状に巻きつけておきま

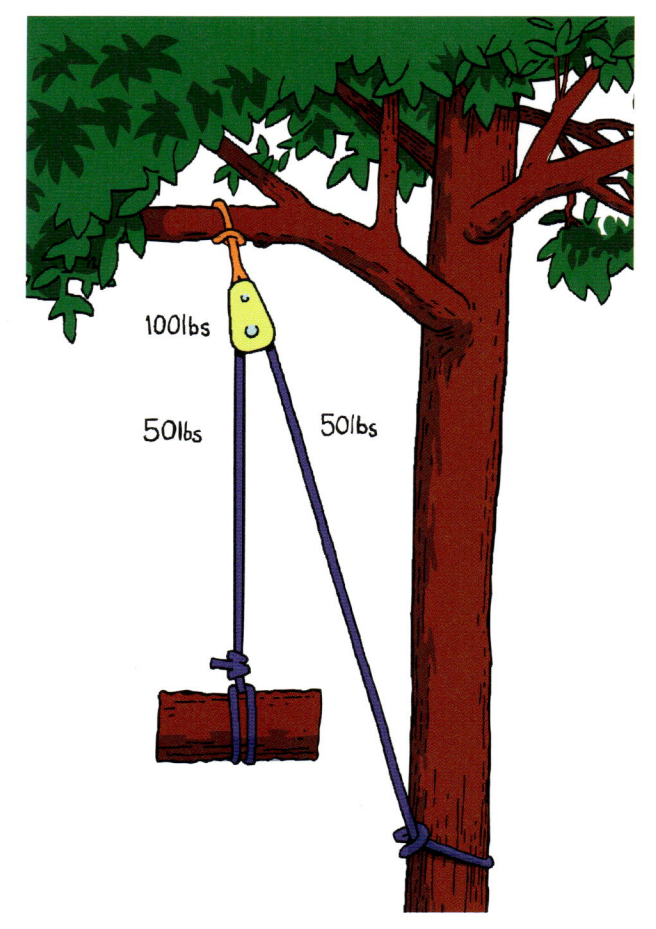

図6.18　ブロックにかかる力はリギングラインにかかる荷 重の2倍ほどになります。

す。

材の縛り方　Tying Off the Wood

　下ろす枝は、**ランニング・ボーライン**か**クローブ・ ヒッチ**＋2ハーフ・ヒッチのどちらかで結ぶのが一 般的です。ランニング・ボーラインは簡単に結べま すし、荷重がかかった後でも容易に解くことができ ます。離れたところから結んでも、ロープを引っ張 れば輪を締めることができます。クローブ・ヒッチ の場合は、緩んで解けるのを防ぐために、2ハーフ・ ヒッチが必要です。ノット（ロープの屈曲）をつくる ことによる強度低下については、クローブ・ヒッチ の方が少なくなります。

　リギングラインを切り離す枝の元側に結ぶことを **バットタイ**といいます（図6.19）。この場合、切っ た枝は普通、先端から先に落ちます。クライマーは リギングラインと接触したり、切った枝の元側とぶ

つかったりしないような位置取りをしなくてはなりません。

切り離す枝の先側に結ぶ場合は**チップタイ**といいます（図6.20）。チップタイした枝は元側から落ちていきますが、この時に枝がどうスイングするかはリギングポイントの位置で変わります。クライマーはスイングする枝がぶつからないような位置取りをしなくてはなりません。また、下にある障害物を避けるため、チップタイした枝の先端を引き上げるという操作をすることもあります。

枝の振れや落下をできるだけ抑えなくてはならないこともあります。そんな時にはチップタイやバットタイではなく、ロープツールを用いて枝の**バランス**を保ち、スイングや動荷重を軽減させます（図6.21）。リギングポイントが切断箇所の真上にあれば、スイングも動荷重も最小限に抑えることができます。また、この方法を使って、大きな枝をそのま

ま一度に下ろすことも可能です。このバランステクニックでは、さまざまなタイプの器具や方法が用いられます。

バランスをとるのは、枝の先側と元側にランニング・ボーラインなどで結びつけたロープです。その

図6.20 リギングラインを切り離す枝の先側に結ぶことをチップタイといいます。

図6.19 リギングラインを切り離す枝の元側に結ぶことをバットタイといいます。
（訳注：ナチュラル・クロッチリギングはロープや木を傷めます）

（訳注：黄色のロープツールは6コイルにします）

図6.21 枝のバランスをとってスイングや動荷重を軽減させるためには、チップタイやバットタイではなく、ロープツールを用います。

ロープの中ほどにループをプルージックで結びつけて、位置を調節してバランスのとれるポイントを探します。そしてそのループとリギングラインの末端（結んでつくったループ、あるいはアイ）をスチールカラビナなどの重荷重用のコネクティングリンクスでつなぎます。枝のスイングの可能性やタグラインの必要性についても、常に考慮してください。

タグライン／プルラインは下ろす材に結び、その動きをグラウンドワーカーがコントロールするためのロープです（**図6.22**）。リギングポイントに通したりせずグラウンドワーカーが直に操作するもので、吊り下ろしの荷重を受けることもありません。タグラインは他のリギングテクニックでも使用されます。

タグラインで枝の揺れを抑えたり、枝の向きをコントロールしたり、また望まない動きを防ぐために引っ張ったり、結んで固定しておくこともあります。

他にも木の先端を引き寄せるとか（プルライン）、枝を特定の方向に向けるとか（ツルを利かせて枝を横方向に振る場合など）の際にも使用します。

先に述べたように、リギングポイントは材よりも高い位置で取るのが基本です。とは言っても、枝をすべて切り落として幹だけが残った状態での断幹作業のように、リギングポイントを材より上で取れないこともあります。こうした状況で用いるテクニックを**バットヒッチング**といい、切断対象を縛ったラインは、切断位置より下に設置したブロックを通ります（**図6.23**）。大きな衝撃荷重が発生する可能性が高く、ロープへの負担が最も大きくなるリギングテクニックのひとつです。高い位置でのタイインポイントがないため、クライマーにとっても危険が伴います。このテクニックには特別な訓練が必要です。

図6.22　グラウンドワーカーが下ろす枝をコントロールしやすいように、タグラインを使います。

図6.23 切断対象を縛ったラインが、切断位置より下に設置したブロックを通るバットヒッチングは、断幹でよく用いられるテクニックです。

図6.24 チェーンソーを使用してドロップ・カットを行う場合は、枝が折れて動き始めた時、バーがトップカットの切れ目に引っかかるのを避けるために、アンダーカットの真上にトップカットを入れましょう。

図6.25 スナップ・カットは、まず切断位置の径の半分よりわずかに深くカットし、そのカットから2～3cmほどずらして反対側からカットします。

これまでの内容はあくまでリギングの序章であり、最も基本的なテクニックだけを紹介しています。アーボリストとしてのリギングのスキルや知識を高めるには、ISAが発行している "The Art and Science of Practical Rigging"（8章構成のDVDシリーズおよび書籍）をお勧めします（訳注：書籍翻訳版は「ISA公認テキスト アーボリスト® 必携 リギングの科学と実践」全国林業改良普及協会発行）。このシリーズでは、より高度なリギングテクニックを数多く、そして詳しく説明し、その科学的根拠についても取り上げています。

カッティング・テクニック　Cutting Techniques

リギングの準備が整ったら、いよいよ枝のカットですが、この時に適切な切断方法を選ぶことが重要です。**ドロップ・カット**（昔からある3段切り）は、切断した枝などを手やロープ等で確保することなく、そのまま落とす方法です。途中の枝に当たって思わぬところへ飛んで行ったり、地上で跳ねて建物に当たったり、根を痛めたりすることがありますので注意が必要です。落下ルートに十分な空間があり、地上に当たってはいけないものがないことをしっかり確認して行ってください。

チェーンソーを使用する場合は、枝が折れて動き始めたときにバーがトップカットの**切れ目**に引っかからないように、アンダーカットの真上にトップカ

ットを入れましょう（図6.24）。

ロープでのコントロールを必要としないような比較的小さい部位を切るのに便利なのは、**スナップ・カット**です。まず切断位置の径の半分よりも少し深く切り込んでおき、そのカットから2～3cmほどずらした位置で反対側からまた切り込みます（図6.25）。このずらす距離は大きな枝ほど大きくなります。2つのカットがずれているため、繊維で持ちこたえているのです。チェーンソーを止めたら、ま

だつながったままの部位を手で折り取り外します。

スナップ・カットは大きな枝を切り離した後の、切り残しを取り除く際にも使えます（図6.26）。

ヒンジ・カットは基本的な伐倒技術の応用で、直立した頂部を切り離す場合にはトッピング・カットとも呼ばれます。**受け口**と追い口でツルをつくり、枝の倒れる方向をコントロールする方法です（図6.27）。直立した枝を倒す方向だけでなく、横に伸びた枝を落とす場合も、その枝先を円弧上で振ることで、位置を変えることができます。リギングラインでサポートしていない場合には、ツルがちぎれるまでに振ることができる角度は限られます。また、ツルが薄すぎるとその役割を果たせず、枝の向きを変える前にツルがちぎれてしまうかもしれません。

どこからどのように切り進めていくかという方針は、状況によって変わります。危険な枝や、切ることが難しい枝などとともに取り残されてしまうことのないよう切り進める順番をよく考えて計画しなくてはなりません。基本的には、まず細かい枝を取り除いて、大きな枝の通り道を開けます。ただ、場合

ドロップゾーン

図6.27　ヒンジ・カットは、受け口と追い口でツルをつくり、枝を倒す方向をコントロールする方法です。

（訳注：この図は上に引っ張るための切り方です）

図6.26　スナップ・カットは、大きな枝を切り離した後の切り残し部分を取り除く際に使えます。

図6.28　ヒンジ・カットでは、ツルの両サイドの繊維が思わぬところまで引きちぎられてしまうことがあります。小さく切り込み（カーフカット、斧目）を入れて、残す枝を傷つけないようにしましょう。

によっては、リギングの力（衝撃荷重）を弱めるため、特に頂部の枝を切る際には、細かい枝を残したままにしておいた方が良いことも多々あります。簡単だからという理由で、切りやすい枝から切っていると、その後のリギングで困ることになるかもしれません。

リギング作業のあらゆる面で言えることですが、安全への鍵となるのは取り扱う荷重に対応できる器材を使用すること、樹木自体がその荷重に耐えられるという判断をしっかりと下せることです。大き過ぎる材を無理に下ろすようなことは避けなくてはなりませんし、もしリギングシステムのどこかが破損した場合に起こり得る事態を、常に考えておかなくてはなりません。予期せず何かが破損するようなこ

とがあっても、誰も危険な目に遭わないよう備えておく必要があります。

グラウンドワーカーの役割
Role of the Ground Worker

グラウンドワーカーはリギング作業に欠くことのできない重要な存在です。フリクションデバイスを設置し、ラインを操作し、ロープを回収し、樹上で必要なものをクライマーに送り上げます。作業の安全はクライマーとグラウンドワーカーの間のコミュニケーションにかかっています。**ランディングゾーン**（ドロップゾーン）は、切った材を下ろしたり落としたりするための場所ですが、グラウンドワーカー

図6.29 声に出して行うコマンド＆レスポンス・システム（声に出しての警告・応答）により、相手が警告を聞いたか、認識したか、対応したか、を確認できます。クライマーは「スタンドクリア！（退避してください）」と注意を呼びかけ、「オールクリア！（全員退避完了）」という応答があってから作業を進めます。

がこのゾーンへ安全に出入りするためには、クライマーとの明確かつ有効なコミュニケーションの手段が確立されていなくてはなりません。

　声に出して行う**コマンド＆レスポンス・システム**は、警告の合図から始まり、それに対する応答、そしてその応答を確認してから行動を起こす、という手順を確実に踏みます（**図6.29**）。

　クライマーは「スタンドクリア！（退避してください）」と警告しますが、グラウンドワーカーから「オールクリア！（全員退避完了）」という応答が確認できるまで作業を進めることはありません。またグラウンドワーカーが、ランディングゾーンへ入る場合にも、クライマーに下へ入りたいことを伝え、その応答を待ってから入らなくてはなりません。時には、手による合図を使うこともあります。

　リギング作業におけるグラウンドワーカーの最も重要な作業は「ラインの操作」かもしれません。グラウンドワーカーがリギングラインを、フリクションデバイスに巻きつけて得る摩擦力が、吊り下ろし作業のコントロールを可能にしています。**注：ラインを身体のどこかに巻きつけたり、動いているラインに触れたりする可能性のある場所に立っていてはいけません。**

　木から枝や幹などが切り離されて落下し始めると、リギングラインに動荷重がかかります。熟練グラウンドワーカーは、リギングラインを十分にかつ徐々に送る（流す）ことで、材を十分に減速させた後に止まるようコントロールし、動荷重を最小限に抑えることができます。このラインを送ることを、"ラインを流す"と言います。もちろんこうした操作は、この方法で材を下ろすことが許される状況でのみ使えるものです。

　材を下ろしている時にそのワークゾーンに立ち入らないのは当然ですが、それだけでは十分ではありません。繰り返しますが、リギングシステムを構成している何かが破損したり、木が折れた場合に起こり得る事態を、その場にいる全員が常に考えていなくてはなりません。つまりもしロープが切れたり、器材の一部が破損したりしても、誰も怪我をすることがないよう必然的にリギングシステムの"外側"にいなくてはならないことになります。ロープを踏んだり、背後からロープが送られたりするような場所にいてはいけません。クライミングラインはリギングラインや地面の枝などと絡まないようにしておきます。ロープバッグはラインが何かに絡まったり、汚れたりしないようにするのに大変役立ちます。リギングラインを操作する際には、常に手袋をしてください。

　グラウンドワーカーは器材を送ったりラインを操作するだけでなく、クライマーが距離を判断したり作業の方法を選んだりする際の助けともなります。クライマーとグラウンドワーカーは、チームとして作業できるようになって初めて、安全面でも効率面でも最大限に機能することができます。

第 6 章　練 習 問 題

用語の説明として、当てはまる内容（A〜H）を選択しなさい。

引張強度：＿＿＿＿

カラビナ：＿＿＿＿

スリング：＿＿＿＿

ブロック：＿＿＿＿

フォルス・クロッチ：＿＿＿＿

バットタイ：＿＿＿＿

チップタイ：＿＿＿＿

タグライン：＿＿＿＿

A．材の揺れをコントロールするロープ

B．リギング向けの重荷重用滑車

C．静荷重下での破断強度

D．枝の先端側にロープを取り付けること

E．器材を設置するための短いロープや帯状のひも

F．ロープと器具をつなぐのに用いる

G．ナチュラル・クロッチではなく、設置したリギングポイントのこと

H．枝の元側にロープを取り付けること

次の文の記述内容は、正しいか誤りか選択しなさい。

1.　正　誤　動いていたり、落下している重い枝をロープで止めると衝撃荷重が発生します。

2.　正　誤　落下する枝が止まるまでの落下距離が長いほど、ロープにかかる荷重は大きくなります。

3.　正　誤　ノットを結ぶとロープの使用荷重が大きくなります。

4.　正　誤　ロープや器具の引張強度を安全係数で割ると、使用荷重（WLL）を出すことができます。

5.　正　誤　引張強度は安定した荷重の下で決定されています。

6.　正　誤　動荷重は同じ数値の静荷重よりも早く、ロープや器材を傷めます。

7.　正　誤　合成素材のロープでは、熱や摩擦は問題にはなりません。

8.　正　誤　カラビナというのはすべて、アルミニウム製で形はオーバル、ゲートはばね式です。

9.　正　誤　ロープを樹木のまたに直接走らせるのに比べると、ブロックはロープの摩耗や動荷重、木へのダメージを軽減することができます。

10.　正　誤　マイクロプーリーは重荷重用のプーリーで、ロープを通すための大きな回転シーブとロープスリングを通すための小さな固定シーブを備えています。

11.　正　誤　幹にロープを巻くのではなく、フリクションデバイスを使う利点には、ロープの摩耗を軽減し、緩みを簡単にとることができる、といったことがあります。

12.　正　誤　ツリーワークにおけるボラードは、樹木に固定してロードラインを巻きつけるための筒状のパーツ（ドラム）のことです。

13.　正　誤　プーリーを使用すれば、リギングラインの摩耗を軽減することができます。

14.　正　誤　リギングラインを枝の先側で結ぶことを、バットタイと呼びます。

15.　正　誤　タグラインあるいはプルラインは、下ろす枝の重量を支えるために使用します。

16.　正　誤　下ろす枝のバランスを取ることの利点は、スイングや動荷重を抑えることができる点です。

17.　正　誤　ヒンジ・カットは、まず切断位置の径の半分よりもわずかに深くカットを入れ、その

　　　　　　　カットとは2〜3cmほどずらした位置で反対側からカットを入れます。

18.　**正　誤**　ロープでのコントロールを必要としないような比較的小さな材を扱うのに便利なのは、スナップ・カットです。

19.　**正　誤**　熟練したグラウンドワーカーは、落下する枝を止める際に発生する動荷重の影響はリギングラインを"流す"ことで最小限に抑えることができます。

20.　**正　誤**　グラウンドワーカーはリギングでのロープ操作時、手袋をしてはいけません。

用語に当てはまる説明文（A〜H）を選択しなさい。

ドロップ・カット：＿＿＿＿＿

ランニング・ボーライン：＿＿＿＿＿

フォルス・クロッチ：＿＿＿＿＿

フリクションデバイス：＿＿＿＿＿

ランディングゾーン：＿＿＿＿＿

メカニカルアドバンテージ：＿＿＿＿＿

静荷重：＿＿＿＿＿

摩擦（フリクション）：＿＿＿＿＿

A．相対的な動きの反対方向に働く力

B．ロードラインを巻き付けて使用する

C．材を落としたり、吊り下ろすエリア

D．昔からある3段切り

E．静止している物体に働く力

F．切り下ろす枝をロープで縛るときの結び方

G．牽引力を何倍にもできる

H．ロードラインのリギングポイント

それぞれ1つずつ解答を選択しなさい。

1．リギングポイントにナチュラル・クロッチではなくフォルス・クロッチを使用する利点は、＿＿＿＿＿

　　a．リギングポイントの設置位置が比較的自由なこと

　　b．摩擦の力をよりコントロールできること

　　c．樹木へのダメージを最小限にすることができること

　　d．上記すべて

2．リギングブロックにかかる反力は、＿＿＿＿＿

　　a．リギングラインにかかる荷重の半分です。

　　b．リギングラインにかかる荷重の2倍です。

　　c．枝をリフトすると大きくなります。

　　d．摩擦が少ないブロックを使用することで大きくなります。

3．リギングシステムで生じる動荷重は重要な問題です。なぜなら、＿＿＿＿＿

　　a．荷重は下ろす材の重さの何倍にもなる可能性があるからです。

　　b．器材やロープにかかる衝撃荷重は静荷重の場合よりも強いからです。

　　c．概算や予測するのが難しいからです。

　　d．上記すべて

第7章

樹木の伐倒、造材

Removal

キーワード

タグライン	*tagline*	ツル	*hinge*
プルライン	*pull line*	バーバーチェア	*barber chair*
受け口	*notch*	ボアカット(突っ込み切り)	*bore cut*
追い口	*back cut*	枝払い	*limbing*
オープンフェイス・ノッチ	*open-face notch*	玉切り	*bucking*

コモン・ノッチ(コンベンショナル・ノッチ)
　　common notch / conventional notch

カントフック　*cant hook*

ピーヴィー　*peavey*

フンボルト・ノッチ　*Humboldt notch*

イントロダクション　Introduction

　樹木の伐木はツリーケア業において重要な位置を占める作業の1つです。樹木を伐木するのにはさまざまな理由がありますが、最もわかりやすいのは樹木の枯死でしょう。また、周囲の人々や建造物に危険を及ぼす、という理由での伐木や、建設工事に先立つ伐木ということもあります。

　理由はともあれ、最も重要視すべきは作業の安全性です。アーボリストは樹木の伐木技術にも精通していなくてはなりません。いくつかの技術は前の章で紹介しました。この章では主に伐倒・玉切り・枝払いについて取り上げます。

準備　Preparation

　伐倒作業を始めるに当たっても他のツリーケア作業と同じく、対象木や現場のインスペクション（調査）、ブリーフィング（作業の打ち合わせ）、ワークプラン(作業計画)が欠かせません。周辺を調査し、庭先の備品類や遊具といった障害物はあらかじめ撤去しておかなくてはなりません（図7.1）。樹高や樹冠幅を考慮し、木を倒すための十分なスペースを確保しましょう。付近の電線やガス、水道管などにも注意してください。衝撃で折れた枝がはじけ飛ぶ可能性もありますから、必要であればその周辺の窓や構造物を保護しておきましょう。

　樹木の状態をしっかり把握し、腐朽や折れた枝・枯れ枝、割れや空洞(うろ)など、伐倒作業に影響を及ぼす欠陥に注意してください。腐朽や空洞がある樹木を倒す場合、伐倒方向のコントロールについては特に慎重でなくてはなりません。木の形や傾きにも注意してください。こうした要素は伐倒方向だけではなく、チェーンソー作業者が作業する位置にも関わってきます。偏心木であれば、最後の追い口切りは傾きの反対側で終えるようにします。樹冠の偏りも考慮して重心を見極めてください。樹種ごとの

図7.1　作業を始める前に、必ず対象木や現場周辺を調査して、伐倒作業に影響を及ぼすような危険や障害物などがないか確認してください。

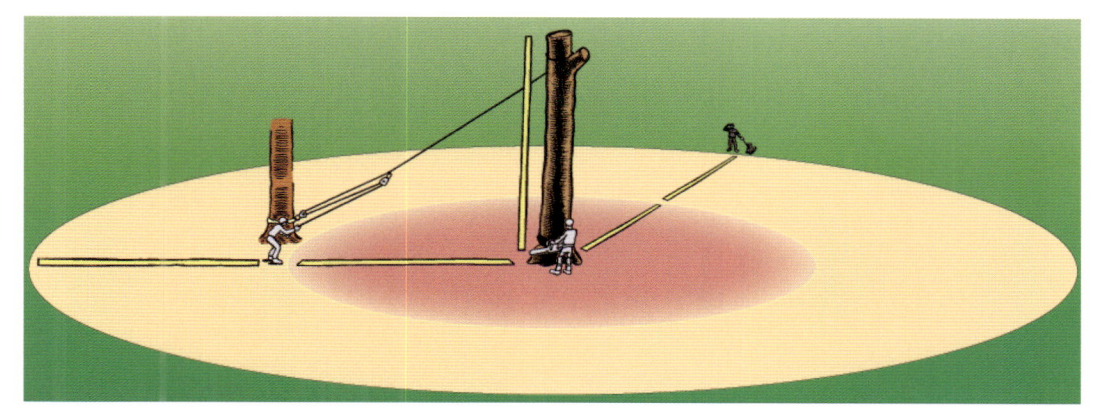

図7.2 伐倒作業に直接関わらない作業者は、対象木の樹高の2倍以上離れます。タグライン担当を含め、伐倒作業に関わる作業者は、少なくともその樹高分は離れ、伐倒者とのコミュニケーション方法と退避ルートをあらかじめ決めておきます。

木質強度や重さといった特性をしっかり理解しておくことも大切です。

もう1つ考慮しなくてはならないのは風です。風の方向や強さに注意してください。風は定期的に一定して吹いているのか、突発的なのか。強い突風は、樹木が倒れる方向を変えてしまうこともあります。

現場の準備が整い、対象木周辺の調査を終えたら、伐倒の計画を立てます。伐倒方法や使用する器材を決め、作業者全員が各自の役割や責任を明確に理解していなくてはなりません。

伐倒作業に直接関わらない作業者は、倒す木からその樹高の2倍以上は離れておきます。タグライン担当を含め作業に関わる作業者は、少なくともその樹高分の距離を取り、伐倒者との明確なコミュニケーション方法と退避ルートを確認しておかなくてはなりません（**図7.2**）。伐倒者の退避ルートは、伐倒予定方向の反対側に引いた線から45度方向（のどちらか）のルートです（**図7.3**）。木が倒れ始めたら伐倒者はすぐにこの方向に退避しますが、この時、倒れていく木から目を離してはいけません。

アーボリストが作業するような状況下では多くの場合、伐倒時にもリギングが必要です。**タグライン（プルライン）**を引いて、動きを制御しながら倒すこともあります（**図7.4**）。この方法でクライミングせずに済むこともよくあります。タグラインもクライミングラインと同じように、スローラインを使ってセットできます。地上から木のまたに通したタグラインをランニング・ボーラインで結んで引っ張れば、

図7.3 伐倒者の退避ルートは、伐倒予定方向の反対側に引いた線から45度方向のどちらかにします。

木のまたのところまで引き上げることができます。ロープを引く力が、ねじれや回転を生んだりしないよう、一直線になっていることを確認してください。ロープが枝を迂回してくの字に曲がっていたりすると、木が回転してツルがちぎれ、誤った方向に倒れてしまう可能性があります。複滑車のようなメカニカルアドバンテージ（倍力）システムを利用して、ロープに更なる張力を掛けたり、木の傾きを補正したりすることもできます（**図7.5、7.6**）。

図7.4　伐倒をさらに制御したいときには、タグラインを使います。

樹高を測る　Estimation of Height

　樹高（と倒した時の位置）を測れることは、アーボリストには欠かせない能力です。正確に樹高を測る

ことは、障害物を避けた安全な伐倒につながります。倒れる木の先端がどこまで届くかは、チェーンソーを入れる高さも影響することを忘れないでください。

　樹高を測る方法の多くは、直角三角形の相似や三角関数に基づいています。樹高を測るのに便利な機器や道具もありますが、真っすぐな棒1本だけで測ることができる方法もあります。

　まず目から手の先までの距離と、手の先から棒の先までの長さが等しくなる位置で棒を握ります（図7.7A）。腕は水平、棒を垂直な状態にして測ります。測る木から離れながら前後に移動して、手から棒の先までの長さが切断位置から対象木の先端までの長さと一致する位置を探します（図7.7B）。直角二等辺三角形の相似の関係から、その地点から対象木までの距離と、木の切断位置から先端までの長さと一致するのです。

　ただし、この方法には対象木が平らな土地に垂直に立っていて、その頂端が見えているという前提条

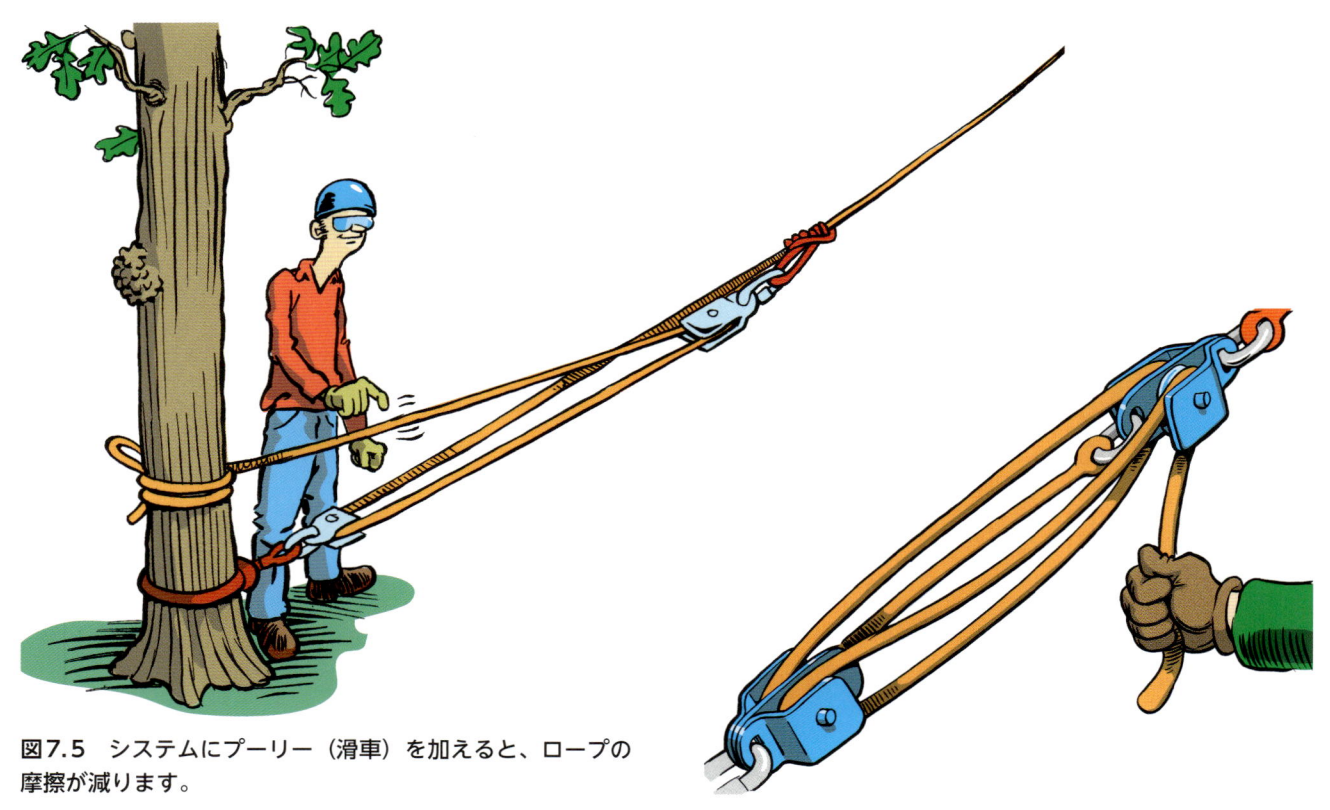

図7.5　システムにプーリー（滑車）を加えると、ロープの摩擦が減ります。

図7.6　ブロック＆タックル（複滑車）を使うと、メカニカルアドバンテージのおかげで、少ない力でタグラインを引くことができます。

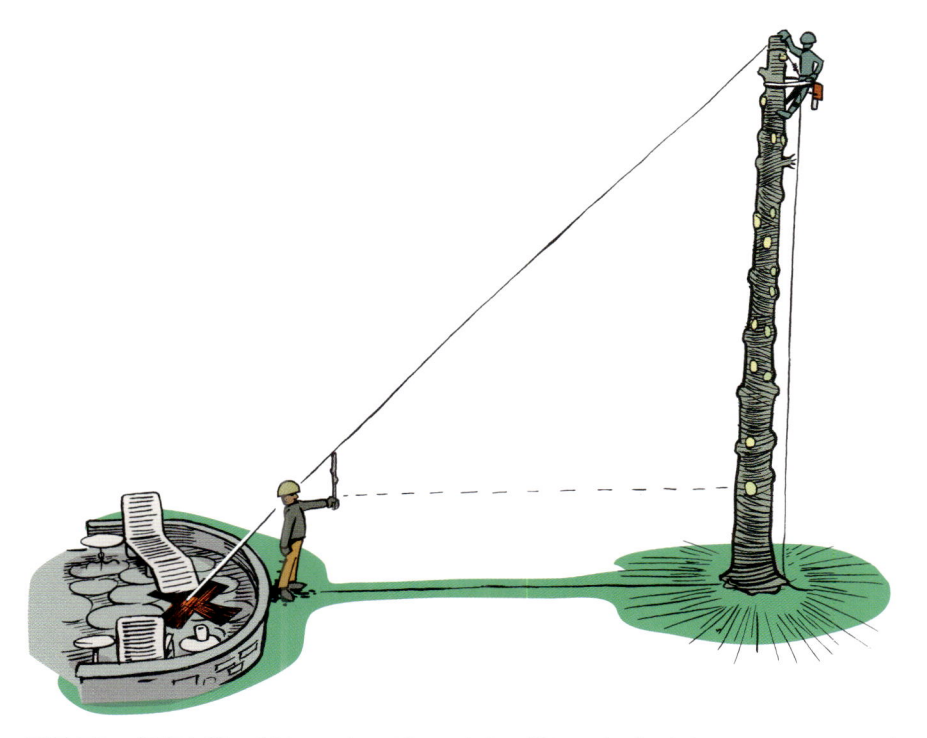

図7.7A 樹高を測る方法のほとんどは、直角二等辺三角形の相似や三角関数に基づいています。

図7.7B 手から棒の先までの長さと切断位置からの木の先端までの長さが同じになる位置を探します。

件があり、加えて測定者の目の高さと切断位置の高さのズレを調整する必要もあります。

伐倒 Felling

伐倒では**受け口**と**追い口**をつくりますが、この受け口と追い口の高さは、伐倒者が安全に切り始めることができ、チェーンソーを操作しやすく、退避行動を素早くとることができる、といった条件を満たすものでなければなりません。受け口のつくり方には、**オープンフェイス・ノッチ**（図7.8）、**コモン・ノッチ（コンベンショナル・ノッチ）**、**フンボルト・ノッチ**など、いくつかの方法があります。昔は、角度が45度のコモン・ノッチが一般的でしたが、現在では**ツル**がより長く機能する70度以上のオープンフェイス・ノッチが主流となっています。（訳注：日本では、受け口の角度は30〜45度とされています）

受け口の深さは直径の3分の1もしくはそれ以下（訳注：日本では、直径の4分の1以上（大径木は3分の1以上）とされています）で、ツルの長さ（横幅）は直径の約80％が基本です（**図7.9**）。ツルがその役

図7.8 70度以上のオープンフェイス・ノッチでは、より長い時間ツルが効くので、倒れていく木をより長く制御することができます。

割を果たすためには、強度がなくてはなりません。そのためできる限り割れや腐朽部を避けて受け口をつくります（**図7.10**）。受け口をつくる際、その会合線（斜め切りと水平切りの接線）を超えて切り込んでしまうことがよくありますが、切り過ぎるとツルの重要な木質繊維を切断してしまうことになるた

図7.9　経験則からツルの幅は直径の約80%、厚さは直径の10%程度とされます。

図7.10　伐倒させたい方向を向いて、受け口をつくるのもよいでしょう。

め、絶対に避けなくてはなりません。

　ツルは伐倒方向をコントロールするのに極めて重要な役割を果たしています。ツルの厚さが適切であれば、受け口が閉じると同時に、その木質繊維がちぎれます。一般的な伐木のルールでは、ツルの厚さを直径の10%としていますが、アーボリストとして柔軟な対応が必要です。例えば、樹上で幹や枝を短く切る場合に、10%のツルではクライマーの限られた手段で折るには分厚過ぎます。また大径木でも、ツルを効果的に機能させるには、ツルの厚さを10%以下にする必要があります。追い口を入れる際に、ツルに切り込まないようにしなくてはなりません。

　通常、追い口は受け口の反対側から受け口に向かって入れ、受け口に近づくにつれて、ツルが形成されていきます。追い口を入れている時に、木を見上げて動きを確認していたりすると、ツルを切り過ぎてしまうことがよくあるので注意してください。一般的に多くの手引書では、受け口の会合線の高さよりも少し上に追い口をつくるよう推奨していますが、これはツルがちぎれてしまった場合に木が跳ね上がって伐倒者に当たる可能性を減らすためです。コモン・ノッチ（角度45度）を使う場合には大切なことです。

　現在ではたいていのインストラクターがオープンフェイス・ノッチを基本的な受け口として教えていますが、コモン・ノッチよりも倒れる木をより長い時間、ツルで制御することができるためです。オープンフェイス・ノッチの場合は、追い口を高めにする必要はなく、受け口の会合線と同じ高さで切って構いません。

　木が伐倒方向に傾いていたり、内部に欠陥があったりする場合は、追い口から上に向かって幹が裂け上がってしまうことがあります。これは**バーバーチェア**と呼ばれる非常に危険なもので、裂けた幹が伐倒者を強打する可能性があり、致命傷となってしまうことも少なくありません（**図7.11A-D**）。

　バーバーチェアを生む危険性を減らすには、**ボアカット（突っ込み切り）**を用いる方法があります。ボアカットはチェーンソーのバーを先端から木に突っ込む切り方で、受け口の会合線から離れた後ろの位置でこのボアカットを入れてツルをつくっていきます。まず、残したいツルの厚さよりも十分後ろの位置でバーを入れ始めます。バーが入ったら、目標のツルの厚さまで慎重に切り進め、受け口の後ろに狙ったとおりの厚さにツルをつくります。次に、ツルから後方へと切り広げますが、木が立った状態を保つための留め部分（追いヅル）を残します。

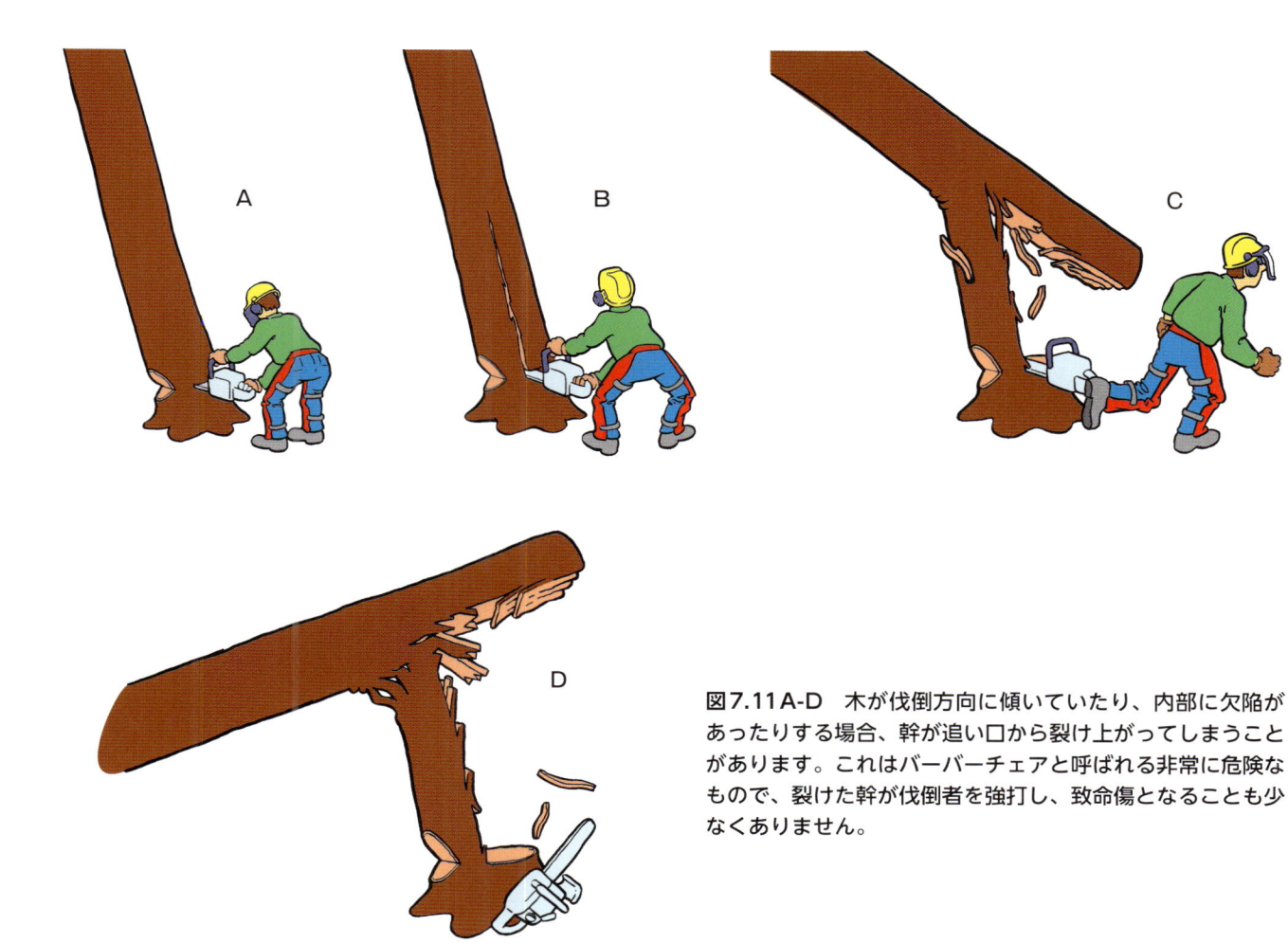

図7.11A-D　木が伐倒方向に傾いていたり、内部に欠陥があったりする場合、幹が追い口から裂け上がってしまうことがあります。これはバーバーチェアと呼ばれる非常に危険なもので、裂けた幹が伐倒者を強打し、致命傷となることも少なくありません。

　幹の直径がチェーンソーのバーの長さよりも太い場合は、最初に状態が悪い側あるいは傾いている側から切っていきます。この時、バーの深さ（奥行）が直径の50％を超えないよう注意してください。次に状態の良い側を、先に入れた切り込みに合わせて切ります。この方法の長所は、作業途中でも安全な状態で作業を止めることができる点です。木が傾いていたり、一方に腐朽があったりする場合は、必ず状態の良い側で追い口を入れて終えるようにしてください。

　偏心木や欠損木の伐倒では、荷締めベルトやログチェーンで受け口の上を縛っておくことで、幹裂けを小さく抑えることもできます。

　伐倒する木の真後ろには誰も入ってはいけません。伐倒者は追い口を入れる前にあらかじめ退避ルート（伐倒予定方向の反対側に引いた線から45度方向）を決め、しっかり確認しておかなくてはなりません。

　追い口を入れる際には、クサビを用意しておくと良いでしょう。クサビを途中で差し込んでおけば、追い口が閉じてチェーンソーのバーが挟まれてしまうのを防ぐことができます。またクサビを打ち込んでいくと、木が倒れ始めるようツルをつくっておけば、伐倒者がタイミングをはかることができるため安全に伐倒作業を終えることができます。

枝払いと玉切り　Limbing and Bucking

　伐倒した木は、**枝払い**と**玉切り**という作業で小さく刻んで片づけます。枝払いは、あちこちに出ている枝を幹から切り払う作業です。そして枝を払って棒状になった幹や太い枝を短く切っていくことを玉切りといいます。当然ながらチェーンソー作業の安全衛生規則はすべて、この枝払いと玉切り作業にも該当しますが、いくつか追加しておきたいことがあります。

　まず、複数のワーカーが1つの材に対して同時に作業する場合には、特に注意が必要です。あるワーカーの切断行為が、別のワーカーの作業に影響を及ぼすことがあります。例えば1人のワーカーの作業で、その材が動いたり転がったりすると、他のワーカーを非常に危険な目にあわせることになるかもしれません。そのためワーカーはそれぞれ他のワーカーが何をしているのかを把握し、またワーカーに近づくときには注意しなくてはなりません。ワーカーは材の山側に立って作業をするようにし、材が自分に向かって転がってくる可能性がある場所は避けなくてはなりません（図7.12）。必要であれば、材が転がらないように対策しておきましょう。

　チェーンソー作業の安全衛生規則とガイドラインは、枝払いと玉切り作業でも守らなくてはなりません。枝を動かすためにチェーンソーから片手を離したり、チェーンソーのエンジンをかけたまま2歩以上移動したりする際には、必ずチェーンブレーキをかけてください。丸太や枝の周りを歩く時にはつまずいたりバランスを崩したりしやすいものです。

　材にかかっているテンション（張力：圧縮と引っ張り）を常に意識していなくてはなりません。テンションが掛かって曲がっている枝は危険です。切断によってテンションが開放された瞬間、その枝がワ

図7.13A-B　玉切りでは、径の4分の3ほどをそれぞれ上から切り込んでおき、丸太を回転させ、残りを下から切り離す方法もあります。

図7.12　伐倒した木の枝払いでは、木が転がってくる可能性のある位置で作業しないでください。幹を挟んで反対側の枝を切るようにすると良いでしょう。安全作業手順に従ってチェーンソーをしっかりと制御しながら作業してください。

図7.14　刃が地面に触れないような姿勢をとりましょう。

図7.15 玉切りの際、キックバックが起こってもチェーンソーが当たらないようなポジショニングで作業をしてください。また、チェーンソーパンツやチェーンソーブーツは必ず着用しましょう。

図7.18 下側が圧縮されているなら、下側に小さく切り込みをいれてから、上から切り離します。

図7.16 チェーンソーを使用する際には、キックバックが起こるような状況を避けるよう十分に注意してください。

図7.19 カントフックやピーヴィーといった道具を安全に正しく使用することで、多くの事故を防ぐことができます。

図7.17 上側が圧縮されているなら、上側に小さく切り込みを入れてから、下から切り離します。

ーカーに跳ね返ってくるかもしれません。また誤った側から切り込んでいくと、バーが挟まれてしまうこともあります。上側が圧縮されている場合は、上側に小さな切り込みか受け口を入れた後、下側から切り離します（図7.17）。材の下側が圧縮されている場合は、まずその下側に小さく切り込み（あるいは小さな受け口）を入れ、その後、上側から切り離します（図7.18）。

　太い枝や幹を玉切りする場合には、クサビを用いてガイドバーが挟まれないようにすることもできます。また、材の下に小さめの丸太を置いておくと、切り進めても材が沈まずテンションが解放されるの

で、チェーンソーで最後まで切り通すことができます。大きな丸太を転がす必要がある場合は、**図7.19**のように**カントフック**（木回し）や**ピーヴィー**（棹の先がスパイクになっている木回し）を使います。

重い材を持ち上げる際の注意点　Lifting

アーボリストが仕事もできないような状態になってしまう理由として、最も多いのは腰や背中の障害です。丸太などの重い物を持ち上げる際には以下のことに注意して、自分の身体を守ってください（**図7.20**）。

1．重い物を運ぶ際は、通り道に障害物がないことを確認すること。
2．運ぶ物のとがった縁や破片、ささくれなどで怪我をすることがないように持ち方をきちんと考えること。
3．安全に扱える重さ・大きさなのかどうか、まず少しだけ持ち上げてみて確認すること。
4．しっかりと両足で地面を踏んでいること。
5．できるだけ身体が材に近づくように膝を曲げて腰を落とすこと。
6．背中のカーブは自然な状態にしておくこと。真っすぐに伸ばそうとする必要はありません。
7．腰ではなく脚の力で持ち上げること。
8．必要なら他のワーカーに手伝ってもらうこと。

図7.20　正しく持ち上げて、腰や背中を傷めることのないようにしましょう。

第 7 章 練習問題

用語の説明として、当てはまる内容（A～H）を選択しなさい。

カントフック：_____

受け口：_____

玉切り：_____

枝払い：_____

伐木：_____

バーバーチェア：_____

追い口：_____

ツル：_____

A．樹木を撤去するための技術

B．大きな丸太を転がすための道具

C．切り込んでツルをつくること

D．伐木作業で、倒す方向を制御する役割を担う

E．伐倒した木の枝を切り払うこと

F．木を倒すために入れるV字型の切り欠き

G．丸太を短く切ること

H．伐倒時に、ツルの後ろで幹が裂け上がる現象

次の文の記述内容は、正しいか誤りか選択しなさい。

1．　正　誤　伐倒作業を始める前に、サイトインスペクションを行って危険がないかどうかを確認してください。

2．　正　誤　幹に空洞（うろ）がある木では、伐倒方向の制御が難しい可能性があります。

3．　正　誤　伐倒作業において大切なのは木の傾きや形であり、樹種ごとの特性は関係ありません。

4．　正　誤　突風によって木が倒れる方向が変わってしまう可能性があります。

5．　正　誤　切り始める前にまず、伐倒の計画を立てることが大切です。

6．　正　誤　タグラインやクサビは、伐倒を制御するのに役立ちます。

7．　正　誤　伐倒時、受け口は少なくとも幹の半分まで入れるべきです。

8．　正　誤　タグラインの途中にくの字曲がりがあると、木が回転して伐倒方向が変わってしまうことがあります。

9．　正　誤　基本的な受け口の深さは幹の直径の3分の1以下です。

10．　正　誤　オープンフェイス・ノッチのよいところは、長い時間ツルがちぎれず倒れる方向を制御できる点です。

11．　正　誤　追い口は常に、受け口の会合線よりも少し低い位置で入れるべきです。

12．　正　誤　受け口の後ろにつくったツルが、伐倒方向を制御するのに役立ちます。

13．　正　誤　伐倒後は、枝払いの前に玉切りを行います。

14．　正　誤　テンションのかかった枝や丸太は、切る際に危険を伴うということを示しています。

15．　正　誤　重い物を持ち上げる際、背中のカーブは自然な状態にしておきます。

それぞれ1つずつ解答を選択しなさい。

1．長い丸太を短く刻んでいく作業を _____ といいます。
 a．伐倒
 b．枝払い
 c．玉切り
 d．受け口づくり

2．伐倒時に木が裂け上がることを _____ といいます。
 a．玉切り
 b．バーバーチェア
 c．ツル割け
 d．クサビ割け

3．コモン・ノッチを用いて伐木する場合、追い口は _____ 入れるべきです。
 a．受け口の会合線と同じ高さで
 b．受け口の会合線のすぐ下で
 c．受け口の会合線のすぐ上で
 d．受け口の会合線を貫いて

それぞれ1つずつ解答を選択しなさい。

第8章

ケーブリング

Cabling

キーワード

入皮（インクルーデッドバーク） *included bark*
（いりかわ）

コモングレード，7ストランド，亜鉛メッキケーブル *common-grade, 7-strand, galvanized cable*

EHS（超高強度）ケーブル *extra-high-strength (EHS) cable*

ラグフック *lag hook*

アイボルト *eye bolt*

スレッドロッド *threaded rod*

アモンアイナット *amon-eye nut*

金槌で潰す *peened*
（かなづち）

シンブル *thimble*

デッドエンドグリップ *dead-end grips*

カムアロング *come-along*

ヘイブングリップ *Haven grips*

シカゴ™ グリップ *ChicagoTM grips*

木工用ドリルビット *ship auger*

ケーブルエイド *cable aid*

アイスプライス *eye splice*

イントロダクション　Introduction

　樹木にケーブルを設置して、弱い箇所を特別にサポートすることがあります。これをケーブリングといいます。正しく設置できれば樹木の寿命を延ばしたり、より安全な状態で維持することができます。

　樹木に器具を取り付けるということは、樹木の健全な部分を傷つけるということです。いったん傷つけてしまうと器具を固定している木質部へと腐朽が進行する危険があります。ですからスチールケーブルやダイナミック（ロープ）ケーブルを取り付けるのか、危険性のある枝を剪定して取り除くのか、それとも樹木そのものを伐木撤去するのか、といった決断を慎重に状況を検討する必要があります。

　ケーブリングを行うかどうかの判断は、その樹木の状態や樹種、価値を考慮に入れて行います（図8.1）。もしもその根系が構造的に不健全だったり、幹が著しく腐朽していたりするなら、伐木撤去する方が良いかもしれません。なぜならケーブリングによって、すべての樹木を安全な状態にできるわけではないからです。

　アーボリストによる樹上調査によって、樹木の状態が明らかになることがよくあります。そのためアーボリストが樹木の傷み具合を見抜き、その危険性を予測できることが大切なのです。ケーブル設置の要求があっても、樹木がそれに耐えられないような

図8.1　双幹（相互優勢幹）の樹木はまたの部分が入皮となっている場合が多く、ケーブリングの対象となるかもしれません。

状態の場合、それをしっかり作業管理者に伝えられるかどうかはアーボリストにかかっています。不安定な、衰弱した枝や樹木にケーブルを設置しても、一時点でのその場しのぎにしかならず、万が一、枝が折れて人や建物に損害を与えれば訴訟の原因にもなり得ます。ケーブル設置はその後の継続的な管理についても、所有者の承諾を得た上で行わなくてはならない、ということを忘れないでください。

（訳注：本章で紹介するケーブリング技術と道具は、原著（英語版）の出版当時に主流だったワイヤを使用したスタティックタイプが主流となっていますが、最近はこれに代わり伸縮性のある繊維ロープのダイナミックタイプが多用されています。）

ケーブルを設置する理由
Reasons for Installing Cables

1. 割れや、腐朽がある木のまたのサポート
2. またの部分が**入皮**（インクルーデッドバーク）になっているかもしれない、双幹（相互優勢幹）樹の枝のサポート
3. 重い枝や、建造物や往来のある場所の上に伸び広がっている枝のサポート
4. 大きく広がった枝や複数幹の樹木で、着氷、着雪、その他の荷重による被害発生の恐れがあるもののサポート

設置器材と使用する道具　Hardware and Tools

ケーブル　Cables

　樹木のケーブリングに適した器材を選ぶことが大切です。ケーブル、アイボルト、その他ケーブリング器具にはさまざまな種類やサイズがあります。用具を選ぶ際には、枝のサイズ、支える重さ、腐朽の有無を考慮してください。設置器具が小さすぎたり、適したものでなかったりすると、ケーブルが外れる要因となってしまいます。

　樹木のケーブリングでは、**コモングレード**（普通のグレード）の**7ストランド亜鉛メッキケーブル**（図8.2）と**EHS**（extra-high-strength（超高強度））**ケーブル**の2種類が一般的に用いられています。コモングレードケーブルは比較的柔軟性があり曲げられるので作業し易いです。EHSケーブルはコモングレードケーブルよりはるかに強度がありますが、

図8.2　コモングレード7ストランドケーブル

柔軟性に欠けます。両者ともさまざまなサイズがありますが、3/16インチ（≒4.8mm）から3/8インチ（≒9.5mm）径のケーブルが、樹木ではよく使用されています。

　（訳注：日本では、林業や造園などで樹木に使う鋼材性ケーブルは、ワイヤロープが使われています。鋼線をより合わせたストランドをさらにより合わせた複雑な構造で強度を高めており、亜鉛メッキが一般的です。直径5mmほどからより太いものまで、さまざまな仕様の製品が販売されています）

ラグフック　Lag Hooks

　ラグフックまたはJラグは、"J"の字形をしたネジです。スチール製で通常は溶融亜鉛メッキされたものか、錆の進行を遅らせるための亜鉛メッキがされた曲げ金具です。このJ型のラグフックには、木ネジと同様に長いネジ部があります。樹木のケーブリングで使用する標準的なラグの径は、5/16インチ（≒7.9mm）、3/8インチ（≒9.5mm）、1/2インチ（≒12.7mm）、5/8インチ（≒15.9mm）です。ラグフックには右ネジと左ネジがあるので、ケーブルを張るときにケーブルのよりが解けたり、巻きがほぐれたりしないように右ネジと左ネジを適切に使い分けると良いでしょう（**図8.3**）。

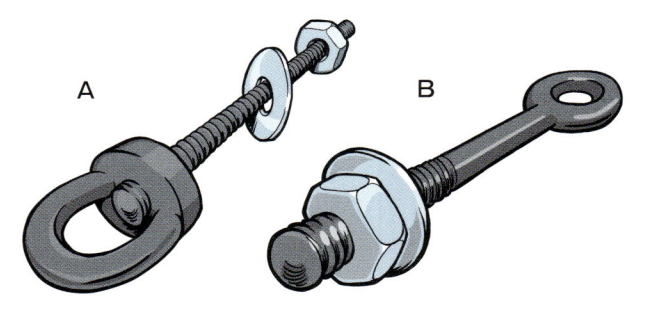

図8.5　A：スレッドロッドとアモンアイナット　B：アイ
ボルト

図8.3　左巻きラグフック
と右巻きラグフック

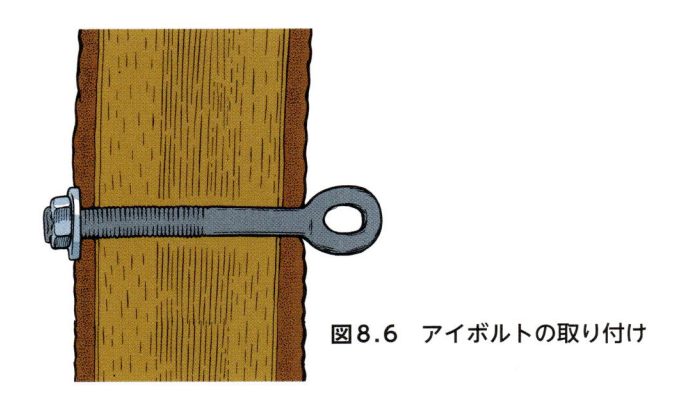

図8.6　アイボルトの取り付け

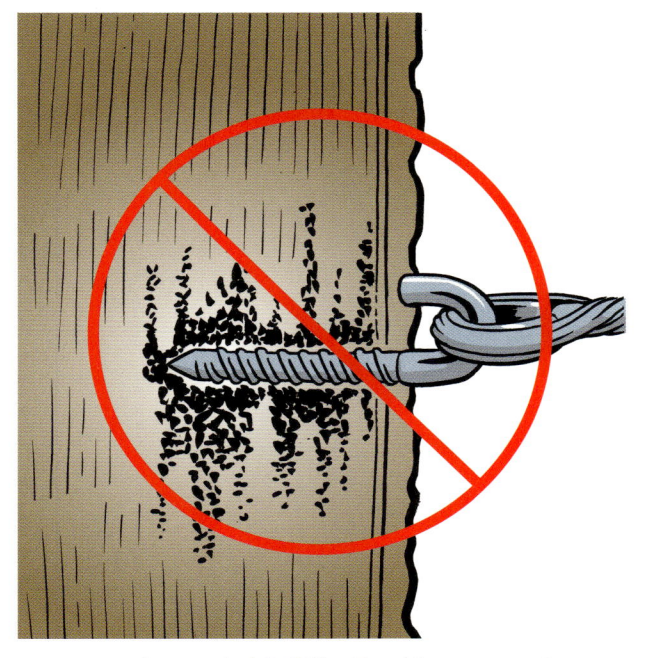

図8.4　ラグフックを腐朽部分に取り付けてはいけません。

くてはなりませんが、かと言ってラグの開放部の端
と樹皮との間に隙間があると、ケーブルがラグから
外れてしまうことがあります。ラグを完璧に入れる
ことが難しい角度でしか取り付けられない場合は、
アイボルトや他の固定器具を使用した方がよいでし
ょう。

　ラグフックは細い枝や堅い木に取り付けると、う
まく機能しますが、径が20cm以上の枝には使用し
ないでください。また、腐朽した枝には決して使用
してはいけません（図8.4）。腐朽部分では、ラグの
保持能力は弱まってしまいますし、その腐朽が健康
な木質部へ広がってしまうおそれがあります。一般
的に、ラグは枝を貫いてボルトで留めるタイプの器
具よりも信頼性が低いとされています。

アイボルトとアモンアイナット
Eye Bolts and Amon-eye Nuts

　ラグフックが適さない場合だけではなく、すべて
の樹木に用いられる標準的な固定器具として、**アイ
ボルト**や、**アモンアイナット**と併用する**スレッドロ**

　ラグフックは、その径よりも細い下穴を開けてか
ら取り付けます。基本的に下穴の径はラグよりも
1/16インチ（≒1.6㎜）小さくします。ラグはJのル
ープ部分が幹や枝に対して（上か下を向いて）垂直に
なり、開放部の端がちょうど樹皮に接するように樹
木に取り付けます。樹皮を傷つけないよう注意しな

図8.7　ほとんどの樹木ではワッシャーを樹皮に直接埋め込みます。ただし樹皮が非常に厚い樹木では、辺材部まで皿穴を開けてワッシャーを埋め込みます。

図8.8　ナットのすぐ外側で余剰分を切ります。

図8.9　ナットが外れないように、ボルトの端を金槌でたたいて潰しておきます。

ッドがあります（**図8.5**）。取り付け方法はどちらも同じで、ロッド部分の径よりも1/16インチ（≒1.6mm）大きな通し穴を設置箇所にドリルで開けます。アイボルトやスレッドロッドは、反対側の端をワッシャーとナットで留めますが、この時、ワッシャーが樹皮に密着するように固定します（**図8.6**）。樹皮がかなり厚い樹木では、樹皮を掘り取って皿穴を開けてワッシャーを埋め込むようにして据え付け、辺材部に力がかかるようにします（**図8.7**）。ロッドの余剰分は切り落とし、表に出たネジ部を**金槌で潰して**ナットが緩まないようにしておきます（**図8.8、8.9**）。

　アイボルトは、スレッドロッドとアモンアイナットを組み合わせて使うよりも、わずかに頑丈だとされています。しかしアモンアイナットを使う場合は、仕事に応じてロッドの長さを簡単に調整できる利点があります。

シンブル、スプライス、デッドエンドグリップ
Thimbles, Splices, and Dead-end Grips

　ケーブルを固定器具に取り付ける際には、**シンブル**が必要です（**図8.10**）。シンブルを使用することで、ケーブルを過度の摩耗から守ることができます。ケーブルやグリップを器具に直接取り付けてしまうと、スチール同士の接触で摩損し、最終的にケーブルの破断を起こしかねません。コモングレードケーブルの場合、シンブルはアイボルトに取り付けてから閉じますが、EHSケーブルの場合は、**デッドエ**

図8.10　シンブル

図8.11　デッドエンドグリップとEHSケーブル。シンブルを使用します。

図8.12　デッドエンドグリップの一方をケーブルに巻きつけます。アイとなる部分をシンブルに被せてから、もう一方を巻きつけます。

ンドグリップの曲がりに合わせてシンブルは開けたままにします（図8.12）。

　デッドエンドグリップは、柔軟性がなくコモングレードケーブルのようにアイスプライスすることができないEHSケーブルに、固定器具に取り付けるためのアイをつくり足すパーツで、やはりシンブルを併用しなくてはなりません。デッドエンドグリップのアイとなる部分をシンブルに被せてはめ、ケーブルに巻きつけて使用します（図8.11）。

　ケーブルグリップ（デッドエンドグリップもこの一種）は、小・中径木では十分に機能を果たしますが、突風などによる枝のねじれや揺れで生じる動荷重に耐えるようには設計されていません。大きな樹木で風による大きな揺れを受けていると、デッドエンドグリップが金属疲労を引き起こし、破損につながることもあります。そのため、大きな樹木で使用する場合は、風の条件やねじれの可能性をしっかりと考慮する必要があります。

ケーブリングの道具
Cabling Tools and Equipment

　樹木へのケーブル設置作業にはさまざまな道具が必要となります。出番が多いのは**カムアロング（プーラー）**で、特にラグフックを取り付ける場合など、２本の枝を引き寄せて近づけておくのに使います（カムアロングの使用例：図8.13）。次によく使う道具は**ヘイブングリップ**です（図8.14）。ケーブルをつかむためのカム機構が備わっているため、クライマーがケーブルを引いてテンションをかけたり、

図8.13　カムアロングで枝を引き寄せておくと、ケーブルをピンと張ることができます。

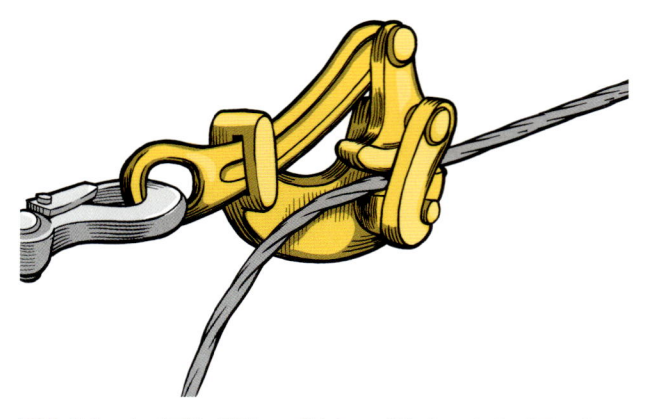

図8.14　ヘイブングリップはケーブルをつかんでテンションをかけるのに使用します。

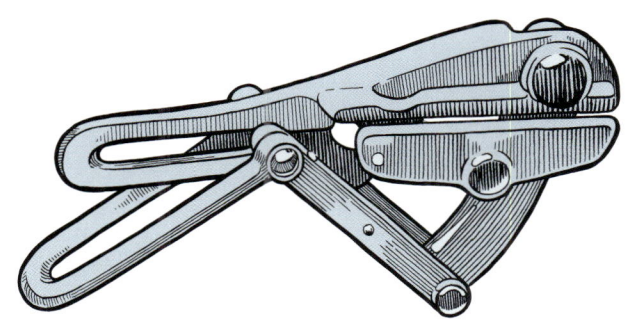

図8.15 シカゴ™グリップはEHSケーブル用にデザインされたもので、ケーブルがねじれにくくなっています。
（訳注：シカゴグリップは日本で販売されていません）

図8.16 固定器具設置のための穴開け。

図8.17 木工用ドリルビットを使って、固定器具設置のための下穴を開けます。

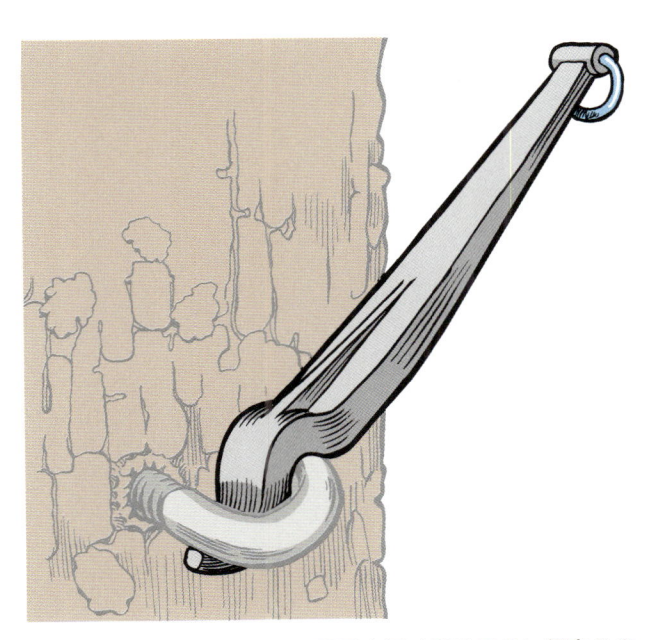

図8.18 ケーブルエイドは器具を固く締めるのに役立ちます。

固定器具に取り付けたりするのに役立ちます。**シカゴ™グリップ**はEHSケーブル用にデザインされたものです（**図8.15**）。

固定器具を取り付けるためには、樹木に穴を開ける必要がありますが、これには手回しドリルやエンジンドリル、電気ドリルのいずれかを使用します（**図8.16**）。電気ドリルは速くて効率的ですが、コード式のものは電源の問題もあり、樹上で使用するのは難しいかもしれません。バッテリー式ドリルなら問題ありません。どのドリルを使うにしても、ビットは**木工用ドリルビット**を使用してください（**図8.17**）。生木でより効果的に作業でき、穴から削り屑をかき出してくれます。

もう1つ、**ケーブルエイド**という便利な道具があります。ケーブルエイドはシンブルを広げたり、ラ

グを締めたり、デッドエンドグリップをケーブルに巻きつけたりするのにも使えます（**図8.18**）。

　他にもケーブリング作業で役に立つ道具として、ケーブルカッター、弓ノコ、ハンマー、ノミと木槌、スリング、ワイヤカッターなどがあります。クライマーはこうした道具を誤って落とさないように、バッグやバケツ型の道具入れに入れるか（**図8.16**）、ツールベルトに挿して持ち運ぶと良いでしょう。

固定器具へのケーブル取り付け
Attaching the Cable to the Hardware

　先に述べたように、EHSケーブルを使用する場合はデッドエンドグリップを用いて固定器具に取り付ける必要がありますが、コモングレードケーブルの場合は、一般に**アイスプライス**を使って器具に取り付けます。アイスプライスと言ってもここでは本来のスプライスではなく、巻きつける方法でつくったアイを指しています。アイ部分には常にシンブルを用います（**図8.19**）。必ずケーブルに合ったサイズのシンブルを使用してください。シンブルのカーブがきつすぎると、ケーブルの強度が低下してしまいます。アイスプライスのつくり方は、まずケーブルの端側に、後で巻きつけ処理する分の長さを残して、シンブルに沿わせて被せ、端に残したケーブルのストランドを1本ずつにほぐします。次にストランドを1本ずつ、ケーブルに2～3周ずつ同じ方向

にぴったりと巻きつけていきます。上手くできたスプライスは整然として美しく、しっかりとケーブルを固定することができます。

ケーブルの設置　Cable Installation

　ケーブルの設置に際して、必要な剪定は事前に済ませておきます。危険な枝を取り除いたり、必要であればバランスを整えるために重すぎる部分を軽くしたりしておきます。

　ケーブルを取り付ける位置ですが、サポートする対象の木のまたから、頂端（梢端）までの距離の少なくとも3分の2の高さが基本です（**図8.20**）。実際の取り付け箇所は側枝の位置や枝の状態によって判断しますが、固定器具をしっかりと保持できるよう十分な太さと、強度がある箇所でなくてはなりません。

　ケーブルの角度とまたからの距離で、その強度と有効性が決まります。ケーブルによるサポート機能が最大になるのは、サポートするまたの上を一直線

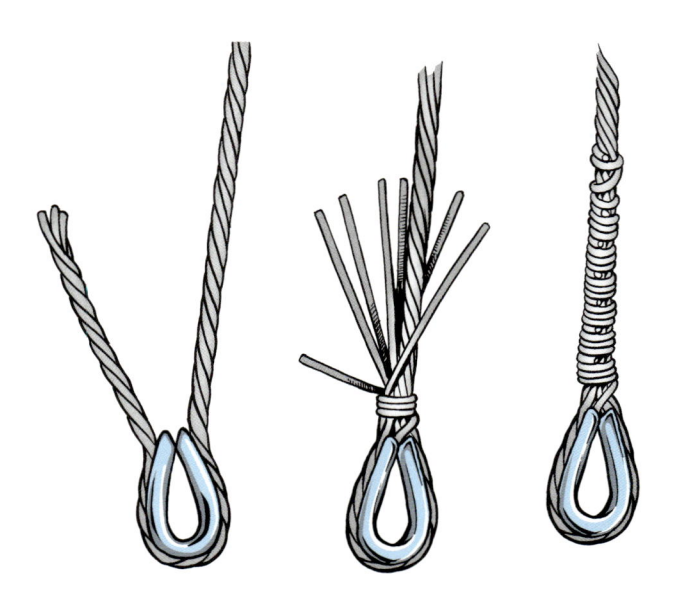

図8.19　アイスプライスのつくり方

図8.20　ケーブルはまたから梢端までの距離の少なくとも3分の2の高さに設置します。

に横切るように、またから梢端までの３分２の高さに設置したときです。"またの上を横切る"とはつまり、またの中心を通る仮想ラインに対して直角になるようにケーブルを設置するということです（図8.21）。

ボルトやラグといった器具は、ケーブルの張力と一直線となるように取り付けます（**図8.22**）。前述のように、またを２等分するラインに対して直角になるよう正確にケーブルを取り付けると、多くの場合、器具はそれぞれの枝に対して直角にはなりません。繰り返しになりますが、システムの強度を最大限にするためには、固定器具とケーブルが一直線になっていることが重要です（図8.23）。

ケーブルは適度に張った状態になるよう設置します。張りがきつ過ぎると、木部繊維に過剰なストレスを与えたり、サポートするはずの弱った部分に一層ダメージを与えたり、はたまた固定器具が抜けてしまうかもしれません。ケーブルを取り付ける際、ロープやスリングとカムアロングなどで枝を引き寄

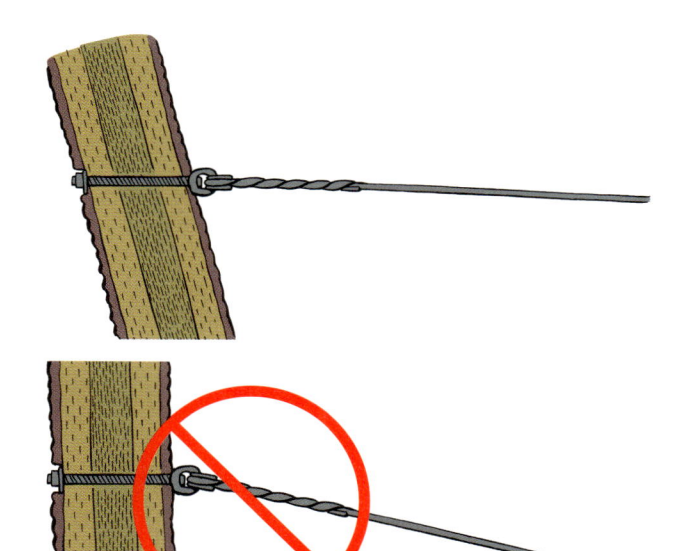

図8.22 固定器具はケーブルの引っ張り方向と一直線となるよう取り付けます。

図8.23 正しく設置されたケーブルは見た目もよく、プロフェッショナルの仕事と言えるでしょう。

図8.21 ケーブルはまたを二分する仮想ラインに対して垂直となるよう取り付けます。

図8.24 最も一般的なケーブルの構成は、１本のケーブルが真っすぐに張られたものです。

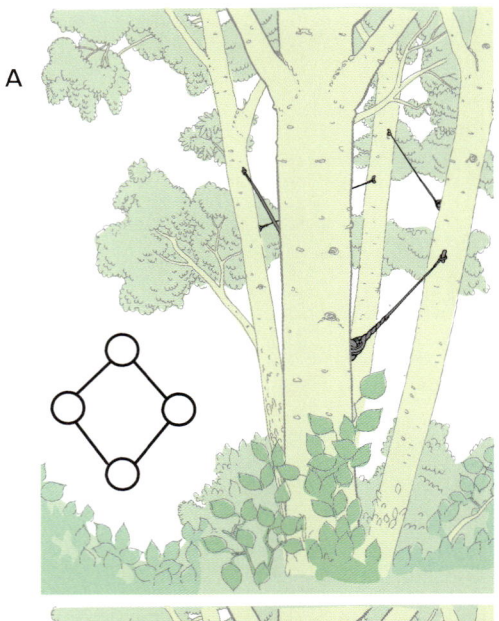

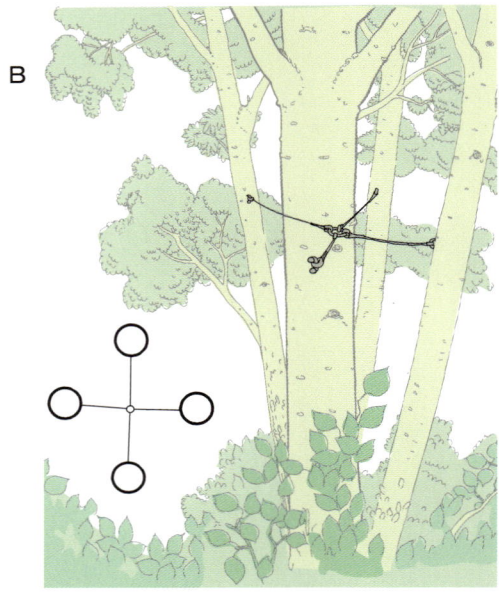

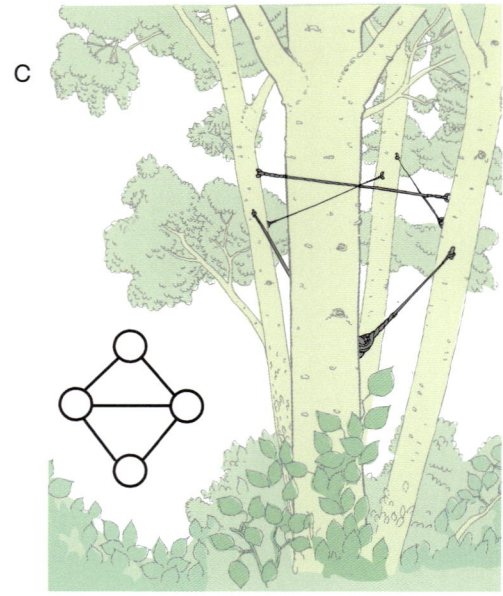

図8.25A-C　ケーブリングシステム

せておくと作業がしやすく、取り付け後に枝を解放すれば、ケーブルは張った状態になります。葉のある時期にケーブルを設置する場合は、葉が落ちて軽くなった時に緩まない程度に張っておきましょう。

ケーブルの設置で一般的なのは、2本の枝の間に1本のケーブルを渡すシンプルケーブル（ダイレクトケーブル、**図8.24**）ですが時には、1本の木で複数本のケーブルを必要とすることもあります。**図8.25**にいくつかのケーブリングシステムを示しました。Cの例のように、枝を3本ずつ（三角形で）一緒にケーブリングすることで、更なる強度を持たせることができます。樹冠の動きをもっと自由にさせたい場合は、箱型や環状のシステムを取り入れることもできます。

同じ枝に2本以上のケーブルを取り付ける場合、上下する固定器具同士の間隔は、できれば枝の径以上は離すようにします（**図8.26**）。アンカー（固定器具）のすぐ上に、別のアンカーを取り付けることは避けます。また、それぞれのボルトやラグに取り付けるケーブルは1本だけです（**図8.27**）。

樹木へのケーブル設置には、その後の継続的な責任が伴います。一度設置したら終わり、ということではありません。ケーブルは毎年点検を行い、固定器具が確実に固定されているかどうか確認してください。樹木が成長し、幹や枝が伸びるのに従って、もっと高い位置に新しいケーブルを設置する必要が出てくるかもしれません。ケーブルを設置した樹木

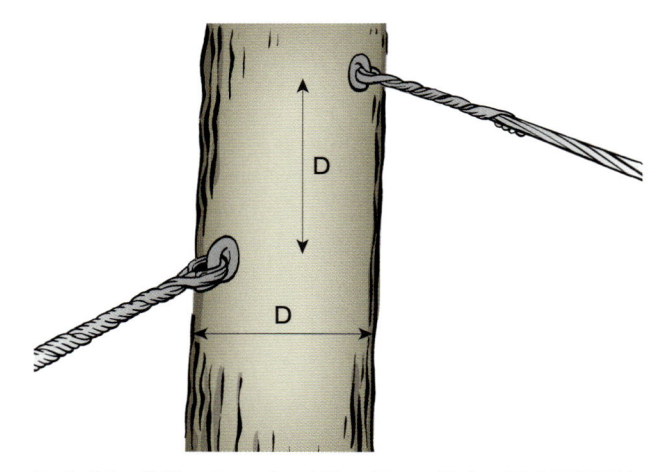

図8.26　複数のケーブルを取り付ける場合、固定器具同士の間隔をなるべく枝の径以上は離します。また、固定器具同士を縦に並べて設置してはいけません。

図8.27 1本のアイボルトやラグに2本以上のケーブルを取り付けてはいけません。

は、過度の重量がかかるのを防ぐため、また風の抵抗を減らすための定期的な剪定も必要になるでしょう。

本書では北米で行われているスチールケーブルの設置についてのみ取り上げており、これはツリーサポートシステムのための規格ANSI A300に合致したものです。

（訳注：ANSI A300は、ツリーケア産業協会（TCIA）によって創設・運営される規格で、米国国家規格協会（ANSI）によって認証されている。ツリーケアに関するさまざまな規格で構成され、剪定、土壌管理、使用器材管理、植栽・植生管理、根系管理、樹木保護管理など10項目で構成される。ツリーケア産業協会（TCIA）は、ツリーケア関係事業者2300者で構成される業界団体で前身である全米アーボリスト協会として1938年に設立された。）

ロープのケーブリングシステムに適用できる内容もありますが、製造元の指示に従って、それぞれ適正なケーブルシステムを設置してください。

図8.28 コブラは一般的に用いられるロープ（ダイナミック）ケーブリングシステムです。

第 8 章　練 習 問 題

用語の説明として、当てはまる内容（A～H）を選択しなさい。

ラグフック：＿＿＿＿

アイスプライス：＿＿＿＿

アイボルト：＿＿＿＿

アモンアイナット：＿＿＿＿

木工用ドリルビット：＿＿＿＿

シンブル：＿＿＿＿

ヘイブングリップ：＿＿＿＿

カムアロング：＿＿＿＿

A．枝を引き寄せるための道具

B．スレッドロッドと一緒に使われる

C．ケーブルの損耗を減らす

D．固定器具に柔軟なケーブルを取り付ける

E．腐朽した木質部では使用しない

F．ケーブルを張るのに役立つ

G．下穴を開けるために使う

H．貫通させて留める固定器具

次の文の記述内容は、正しいか誤りか選択しなさい。

1.　正　誤　基本的には、ケーブルを設置する前に剪定する。

2.　正　誤　ケーブルは、またから梢端までの距離の３分の１の高さに設置する。

3.　正　誤　正しく設置されたケーブルは地面と平行になる。

4.　正　誤　ケーブルは常に太い方の枝に対して垂直に設置する。

5.　正　誤　正しく設置されたケーブルは適度に張っている。

6.　正　誤　葉の繁った時期に設置したケーブルは、落葉に伴って緩むかもしれません。

7.　正　誤　ラグは径20cm未満の腐朽のない枝でのみ使用する。

8.　正　誤　複数のケーブルを１本の枝に設置する場合、すぐ近くで上下した位置に設置する。

9.　正　誤　１本のアイボルトやラグに２本のケーブルを取り付けてはならない。

10.　正　誤　EHSケーブルを固定器具に取り付けるためには、デッドエンドグリップを用いる。

11.　正　誤　デッドエンドグリップにはシンブルは必要ない。

12.　正　誤　ラグを取り付けるための下穴は、ラグの直径よりも約1/16インチ（1.6mm）小さくする。

13.　正　誤　コモングレードの７ストランドケーブルでは、アイスプライスをつくることはできない。

14.　正　誤　ケーブルは固定器具と一直線になるように取り付ける。

15.　正　誤　ボルトの取り付けには菱形ワッシャーが向いているが、ワッシャーを皿穴に埋め込んではいけない。

それぞれ１つずつ解答を選択しなさい。

1．ケーブリング作業で２本の枝を引き寄せるのによく使用するデバイスは _____ です。
  a．ヘイブングリップ
  b．カムアロング
  c．ケーブルエイド
  d．ケーブルクランプ

2．EHSケーブルを設置する際、ケーブルは _____ を用いて固定器具に取り付けます。
  a．デッドエンドグリップ
  b．アイスプライス
  c．ケーブルクランプ
  d．上記すべて

3．推奨されるケーブルの取り付け位置は、 _____ です。
  a．可能な限りまたに近いところ
  b．またから梢端までの距離の３分の１の高さ
  c．またから梢端までの距離の２分の１の高さ
  d．またから梢端までの距離の３分の２の高さ

資料編

Appendices

資 料 編 A
上級者向けクライミングノット
Advanced Climbing Knots

　この10数年の間に、アーボリストの使用する器材やテクニックはどんどん進歩を続けてきました。アーボリカルチャー業界は、ロープ・コード類の進歩だけでなく、ロッククライミングやレスキューといった類似分野から取り入れたテクニックの恩恵を受けています。こうした技術とともに新しいフリクション・ヒッチもいくつかもたらされましたので紹介します。

　ここで紹介するフリクション・ヒッチは主にコード（eye-to-eye コードやループコード）で使用します。このコードはクライミングラインと同じ強度要件を満たしていなくてはなりません。たいていは eye-to-eye コードを使用します。コードの構造や径、長さがヒッチのパフォーマンスに（時には劇的なまでの）影響を与えることもありまし、スプライスの縫い込まれた部分でさえもコードのグリップ力に関わることもあります。

　これらのフリクション・ヒッチのほとんどはクローズドヒッチつまり、両末端が固定されている（結びの中で機能している）状態ですが、オープンヒッチの場合は一方の端が遊んでいる（結びの中で機能していない)ためストッパーノットが必要です。（**訳注：4章 図4.22**はオープンヒッチの例です）

　フレンチプルージックというのは、マッシャー、マッシャー・トレス、ヴァルドテイン、ヴァルドテイン・トレス（**図A.1**）といったフリクション・ヒッチの総称です（**訳注：**プルージックヒッチについては、3章 **図3.17**参照）。中でも最もよく使われているヴァルドテイン・トレスを紹介します。たいていは、どのフレンチプルージックもシュワビッシュやディステルと同様に上級者向けのクライミング・ヒッチとされています。滑らかな動きと反応の良さが特徴ですが、クライミングラインでの挙動は巻き数や編まれ方の影響を受けるため細心の注意が必要です。アーボリストは各自のクライミングスタイルや器材によく合う組み合わせを試して見つけていくことが大切です。

　これらのヒッチはきちんとした指導を受けた上で使うべきですので、ここでは結び方や使用用途の説明はせず、紹介するだけに留めています。新しいフリクション・ヒッチを取り入れる際にはクライミングテクニックや器材と同じように地面に近く低い場所、つまり落下のリスクがない状況で慎重に試してください。

ヴァルドテイン・トレス（Vt）　Valdotain tresse（図 A.1）

- おそらくもっともよく使われるフレンチプルージックのひとつ
- 結びつけるラインよりも細い径のコード（eye-to-eye コード）を用いる
- しっかりホールドし、簡単に緩めることができる
- リギングシステムでも用いる

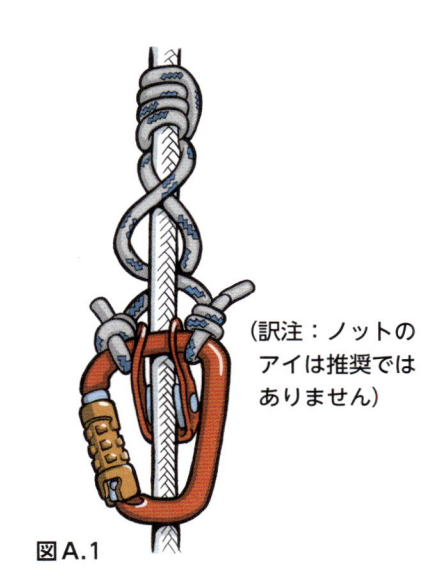

（訳注：ノットのアイは推奨ではありません）

図 A.1

シュワビッシュ　Schwabisch（図 A.2）

- 非対称のプルージックヒッチ
  （参考：3章 図3.17）
- しっかりとホールドするが、結びが固く締まり解けなくなってしまうこともある
- フレンチプルージックほどの滑らかさはないが、反応が堅実
（訳注：イラストは4コイルですが、6コイルを推奨します。）

図 A.2

ディステル　Distel（図 A.3）

- トートライン・ヒッチと結び方は似ているがクローズドヒッチとして使用するため、働きは異なる
- コードの両アイをカラビナに通し、クローズドクライミング・ヒッチとして用いる
- フレンチプルージックほどの滑らかさはないが、反応が堅実

図 A.3

資料編 B
用語集

3ストランドロープ 3-strand rope	3本のストランドをらせん状に撚り合わせた構造のロープ。
12ストランドロープ 12-strand rope	アーボリスト向けロープ。12本のストランドからなるブレイド（編み）構造のロープで、たいていはコアをもたない。12ストランドロープには2種類あり、ひとつはきつく編まれたものでスプライスが容易でなく、クライミングラインやリギングラインとして使用される。もうひとつはゆるく編まれたスプライスが容易な"ホロウブレイド（中空編み）"で、一般的にはスリングに使用されている。
16ストランドロープ 16-strand rope	アーボリスト向けロープ。16ストランドブレイドの荷重を支えるカバーと、荷重を支えないコアをもつ構造のロープ。
24ストランドロープ 24-strand rope	アーボリスト向けロープ。24ストランドブレイドのカバーをもつ構造のロープで、ダブルブレイド構造かカーンマントル構造がある。
32ストランドロープ 32-strand rope	アーボリスト向けロープ。48ストランドロープよりカバーを厚くし、アセンダーなどのメカニカルデバイスに対しての耐久性が高く、摩擦や紫外線にも強いロープ。SRS用ロープだが、一部のMRSにも使用可能。
48ストランドロープ 48-strand rope	コアがほとんどの荷重を支え、カバーは主にコアを保護する覆いとしての役割を果たすよう設計されたロープ。SRS用ロープ。
ANSI Z133.1 規格 アンシ ゼット ANSI Z133.1 standards	米国国家規格協会が定めるアーボリカルチャー業務基準
approved（認可された） approved	規格・基準や仕様の文脈で使用され、連邦政府・州・地方・地域の執行当局に承認されている、あるいは承認された工業規格である、ということを示す言葉。
CSA（カナダ規格協会） Canadian Standards Association	カナダの工業界における規格の議論・策定手段を供する中立的立場の第三者機関として機能する協会。
D環 D-rings	クライミングサドルに付属するD字型の金属環で、カラビナでロープを取り付けるためのもの。最近はサイドのランヤード用がほとんど。
eye-to-eyeスリング eye-to-eye sling	両端にアイを備えたスリング（通常、スプライスロープ）。eye-and-eyeスリングとも呼ばれる。
MRS（ムービングロープシステム） Moving Rope System (MRS)	ロープが常に動くという構造と機能。ロープ自体が動くことによりクライマーが登攀、下降する。以前（2018年ころまで）はDRT：Double Rope Technique（ダブルロープテクニック）と呼ばれていた。
OSHA（米国の労働安全衛生法）オーシャ Occupational Safety and Health Act (OSHA)	米国における、職場での安全と衛生管理について定めた法律。Occupational Safety and Health Administration（労働安全衛生局）が管理する。カナダではOccupational Health and Safety Administration（OHSA, 労働衛生安全局）の管理。
SRS（ステーショナリーロープシステム） Stationary Rope System (SRS)	ロープは動かず常に固定されているという構造と機能。固定されているロープ上をクライマーが登攀、下降する。以前（2018年ころまで）はSRT：Single Rope Technique（シングルロープテクニック）と呼ばれていた。
shall（するものとする） shall	ANSI規格や契約書類において必須要件（義務）を示す言葉。**対照語**：should
should（すべき） should	ANSI規格や契約書類において勧告（努力義務）を示す言葉。**対照語**：shall

アーボリストブロック arborist block	ロープスリングを取り付けるコネクションポイント（ブッシング）、ロープを通す回転シーブ、広めの幅のプレート（側板）を備えた重荷重用プーリー。樹木のリギング作業で使用する。
アイスプライス eye splice	(1)コモングレードケーブルをアイボルトやラグに取り付けるために末端で行う、クローズドアイ加工。(2)アイをつくるロープ末端加工で、ロープを折り返して自身にスプライスする。
アイスプライスロープ eye-spliced rope	末端をスプライスしてアイ加工したロープ。
アイボルト eye bolt	閉じたアイを備えたケーブルアンカーで、ねじ切りされている。米国のツリーサポートシステムでは、落とし鍛造で鍛造したアイボルトのみが使用を認められている。
アクセスライン access line	(1)緊急時に負傷者にアクセスするためにセットした第2のクライミングライン。(2)木にセットしたクライミングライン。
アモンアイナット amon-eye nut	樹木のケーブリングに使用する特殊なナットで、ケーブルをスレッドロッドに取り付けるための大きなアイを備えている。
アンカーポイント anchor point	クライミングやリギングでロープまたはブロック等を掛ける箇所
安全係数 design factor	ロープや器具の使用荷重を求める際に、その定格強度あるいは最小破断強度を割り算する係数。
維管束萎凋病/維管束萎凋 いかんそくいちょうびょう vascular wilt	維管束系の病気により起こる樹木の立ち枯れ。
維管束系　いかんそくけい vascular system	師部と木部からなり、樹木において水分や栄養を通導する組織。
入皮（インクルーデッドバーク） included bark	枝と幹あるいは相互優勢幹のまた（結合部）の内部に巻き込まれて埋もれてしまった樹皮。構造的な弱さの一因となる。
ウーピースリング whoopie sling	固定のアイと調節可能なアイを備えたスリング。ホロウブレイドロープでつくられている。
受け口 notch	伐倒するために丸太や木に入れる、V字型の切り欠き。
エアリアル・レスキュー aerial rescue	樹上または高所作業車で負傷したワーカーを地上へ下ろすレスキュー方法。
腋芽　えきが axillary bud	葉腋（葉や枝の付け根）につく芽。側芽。
枝払い limbing	倒した木の枝を切り払うこと。
エレクトリカルコンダクター（電気伝導体） electrical conductor	電気を通す物体あるいは媒介物。樹上作業では高架や埋設の電線であることが多い。通信ケーブルや送電線といった電気の通ったあるいは通す可能性のあるものを含む。
エンドラインノット endline knots	ラインのエンドで結ぶノット（ボーラインやクローブ・ヒッチ）。
追い口 back cut	幹や枝に入れた受け口の反対側から受け口に向かって切り込み、伐倒や枝の切断を完結するカット。
応急処置 first aid	負傷者や病人に対する緊急時の手当てや治療。医療処置を受けられるようになるまで、状態を安定させるために行う。
オートロック Auto-locking	カラビナに関する用語。オートロック式で、ゲートを開けるための予備操作として2つ以上の動作を要する。意図せずゲートが開いてしまうのを防ぐ。
オープンフェイス・ノッチ open-face notch	V字型の受け口（角度70°以上）で、伐倒や断幹で用いる。**対照語**：コンベンショナル・ノッチまたはコモン・ノッチ、フンボルト・ノッチ

ガース・ヒッチ girth hitch	ラインやアイ、エンドレスループを物に取り付けるのに用いるシンプルなノット。
ガードリングルート girdling root	幹や他の根に巻きついた状態の根。巻きついたものの維管束組織を締めつけてしまうため、その肥大成長や水分・光合成産物の移動を阻害してしまう。
カーフ(斧目 おのめ)/切れ目 kerf	鋸で入れた切り口や切り目。鋸で切ってつくった溝。
カーンマントル kernmantle	カバーとコアをもつロープで、コアのヤーンは編んだものではなく撚り合わせた繊維からなる。
カウ・ヒッチ cow hitch	器具を木に取り付ける際によく用いるノット。ハーフ・ヒッチでのバックアップが必要。
カムアロング come-along	ポータブルケーブルウインチまたはロープウインチで、2つの物体を引き寄せるのに用いる。ロープのノットとループのシンプルな組合せでメカニカルアドバンテージを生み出すことができる。
カラビナ carabiner (karabiner)	長円形の金属環で、クライミングやライトリギングで用いる。スプリングを内蔵したゲートで開閉する。
刈込みバサミ hedge shears	生垣を刈り込む(剪定する)ためのハサミ。
間接接触 indirect contact	電圧のかかったエレクトリカルコンダクターと接触している導電性の物体に触れること。**対照語**：直接接触
カントフック cant hook	スパイクがついておらず、先端が尖っていないピーヴィ。丸太を扱う際に使用する。木回し。
キックバック kickback	チェーンソー操作中に刃の回転とは逆方向または上向きに跳ね上げられる力で、不意に起こる強烈かつ制御不能な動き。
キックバックゾーン kickback quadrant	チェーンソーバーの先端上側の円周部分。
キャリパー caliper	樹木の太さ。直径。
吸収根 きゅうしゅうこん absorbing roots	水分やミネラルを吸収する、細い繊維状の根。ほとんどの吸収根は土壌表面から15〜30cm内にある。
鋸歯 きょし serration	葉の縁の、のこぎりの歯のようなギザギザのこと。歯は葉の先の方を向いている。
緊急対応 emergency response	緊急事態の評価・対処のためにあらかじめ定められた手順。
菌根 きんこん mycorrhizae	特定の菌類と植物の根の間にある共生体。
空洞 cavity	樹木内部にできたうろ(口が開いたものも閉じたものもある)。たいていは腐朽によるもの。
クライミング・スパイク climbing spikes	木製電柱や伐木する樹木へのクライミングを補助するためにクライマーの膝下に装着するデバイス。爪を木に差し込みクライミングする。スパー、ギャフ、アイアン、フック、クライマーズとも呼ばれる。
クライミングサドル climbing saddle	ツリークライミングのためにデザインされたワークポジショニングサドル。
クライミング・ヒッチ climbing hitch	ツリークライマーをクライミングラインに確保する際に使用するヒッチ。アセンドやディセンド、ワークポジショニングのコントロールを可能にする。
クライミングライン climbing line	ツリークライミング用途としての仕様を満たしたロープ。
クラウン・クリーニング crown cleaning	樹冠の枯れ枝・病気の枝・折れた枝等を取り除くこと。

クリーニング cleaning	剪定のタイプで、枯れ枝・病気の枝・折れた枝等を選択的に取り除くこと。
クレビス clevis	U字型の金具で、ピンを通して口を閉じて使用する。シャックル。
クローブ ＋ ハーフ・ヒッチ clove + half hitches	リギングでロープを材に結びつける際に使用するノットのコンビネーション。
クローブ・ヒッチ clove hitch	物をロープにあるいはロープを物に結びつける際に使用するノット。
形成層　けいせいそう cambium	分裂細胞の薄い層で、（外側に）篩部・（内側に）木部を生み出す。これが幹や枝、根の径を肥大させる。
ケーブルエイド cable aid	ラグを締めるために使用するデバイスで、ケーブル設置の補助器具。
限界使用回数 cycles to failure	ロープや器材が破損するまでに、一定の荷重で繰り返し使用され得る回数。
孔隙　こうげき pore space	土壌粒子間の空気と水分に満たされた空間。
光合成　こうごうせい photosynthesis	緑色植物（や藻類、一部のバクテリア）における、光エネルギーが水と二酸化炭素からグルコース（化学的エネルギー）を生成する過程。
個人用保護具（PPE） personal protective equipment(PPE)	安全ヘルメットやセーフティグラス、ヒアリングプロテクション、チェーンソー防護パンツやチャップスといった、個人の安全装備。
互生葉序　ごせいようじょ alternate leaf arrangement	各節に1枚の葉または1つの芽が、枝を挟んで互い違いにつく配列。葉が向かい合わせにつくことはない。**対照語**：対生葉序
骨格枝　こっかくし scaffold branches	その木と生涯を共にする骨格構造をなす枝。
コネクティングリンク connecting link	リギングシステムやクライミングシステムの構成要素で、他の構成要素を連結する器具。
コマンド ＆ レスポンス・システム command-and-response system	ツリーケア作業で用いる、声によるコミュニケーションシステム。
コモングレード、7ストランド亜鉛メッキケーブル common grade, 7-strand, galvanized cable	7本のストランドをらせん状に撚り合わせた構造のスチールケーブル。樹木の構造的なサポートのためによく用いられる。端は自身に巻きつけて処理する。
コモン・ノッチ／ コンベンショナル・ノッチ common notch / conventional notch	下面が水平な45度の受け口で、伐木や枝の切断で用いる。またコモン・ノッチとも呼ばれる。**対照語**：フンボルト・ノッチ、オープンフェイス・ノッチ
鞘　さや（スキャバード） scabbard	プルーニングソーなどの道具を保護するケース。
サルノコシカケ類 conk	菌類の子実体もしくは非子実体（無性子実体）。樹木の腐朽と関係していることが多い。
シート・ベンド sheet bend	2本のラインをつなぐ際に用いるノット。径の異なるライン同士でも可。命を預けるような場面では使用しない。
シカゴ™グリップ Chicago™ grip	ケーブルを挟んで固定しておくためのデバイス。
子実体　しじつたい fruiting body	菌類の生殖器官。樹木で特定の種のものが見られる場合、内部腐朽の疑いがある。サルノコシカケ参照。
シップオーガー ship auger	開放らせん型のドリルビット。ケーブルやブレーシングを設置するために木に穴を開ける際に使用する。木工用ドリルビット。
師部（篩部）しぶ phloem	光合成産物や成長調整物質を運ぶ、植物の維管束組織。樹皮の内側、形成層のすぐ外側に位置する。双方向性（上下両方向への通導がある）。**対照語**：木部

シャックル shackle	U字型でピンを通して留める器具。クレビス。
樹冠　じゅかん crown	樹木の一番下の枝から上の、枝や葉をすべて含んだ部分。
樹木腐朽の区画化（CODIT） Compartmentalization of Decay in Trees (CODIT)	樹木に備わった防御システムで、病気や腐朽物質の拡大を制限するための化学的・物理的境界を形成する。
使用荷重（WLL） working-load limit (WLL)	引張強度を安全係数で割り算して出す値。通常の作業において、器材やロープ、ロープシステムに対して超過すべきでない最大荷重。
衝撃荷重（ショックローディング） shock-loading	動いている材が止められた際に、ロープやリギング器具にかかる動的な突然の力。
蒸散　じょうさん transpiration	葉の気孔からの水蒸気の放出。
小葉　しょうよう leaflet	複葉の葉身を構成する個々の部分。
常緑樹 evergreen	年ごとにその葉をすべて落とさない樹木や植物。**対照語**：落葉樹
ジョブブリーフィング job briefing	作業開始前に毎回行う短時間のミーティング。ワークプランや各分担、必要な器材、予測される危険などについての伝達・意思疎通を行う。
心材 heartwood	木部内の内側の機能していない組織。構造的な強度を幹に与え、腐朽の原因となる微生物に対する化学的防御機能を提供する。**対照語**：辺材
シンニング thinning	生きた枝の密度を低くする剪定。樹木の光や空気の通りをよくしたり、枝にかかる重量を軽くするために、望ましくない枝を選択的に取り除く。
心肺蘇生法（CPR）　しんぱいそせいほう cardiopulmonary resuscitation (CPR)	心拍が停止している人の肺に空気を送り込み血液を循環させるための処置。訓練を受けた者が行う。
シンブル thimble	ケーブリングで使用するデバイスで、ケーブル端のループ形状を維持かつ保護するデバイス。ロープの連結部でも用いられ、ロープの曲げ半径を大きくすることで損耗を軽減する。
針葉樹 conifer	球果をつける樹木（球果植物）で、その球果と呼ばれる構造体に種子をもつ。
スクリューリンク screw link	ゲートをねじで閉めるタイプのコネクティングデバイス。リギングで器具を固定したり、材を確保する際に用いる。
スタンディングパート standing part	ワーキングエンドに対して、ロープの使われていない部分。**関連用語**：ランニングエンド、ワーキングエンド
ストッパーノット stopper knot	ライン端やテールがノットから抜けてしまわないように結んでおくノット。通常はフィギュアエイト・ノット。
ストレス stress	樹木の健康に悪影響を及ぼす因子。
スナップ snap	ツリークライマーが使用するコネクティングデバイスで、主にクライミングラインをサドルに連結するために使用する。（**訳注**：最近は一部のランヤードにて使用される。クライミングラインでは使用しない）
スナップ・カット snap cut	アンダーカット・トップカットをずらして入れるカッティングテクニックで、切る部位を簡単に折ることができる。ミスマッチ・カットとしても知られている。
スプリットテール split-tail	クライミングシステムにおいてフリクション・ヒッチを結ぶために用いる短いロープ。
スリップ・ノット slip knot	引き解け結び。

スリング sling	リギングで器具を固定したり、下ろすものを縛ったりするのに使用するデバイス。
スルーハードウェア through-hardware	幹や枝を貫通させてナットとワッシャーで固定するタイプのケーブルアンカーやブレーシングロッドを指す。通し穴は予め本体より太い穴を開けておく。**対照語**：デッドエンドハードウェア
スレッドロッド threaded rod	樹木の弱い箇所やまたのサポートで使用する、ねじ切りされた金属の棒。ブレーシングロッド。
スローイング・ノット throwing knot	スローイングの際に重りとするためにロープで結ぶノット。
スローバッグ throw bag	クライミングラインやリギングラインを樹上にセットする際に使用する重り袋。通常、ティアドロップ型でキャンバス地のバッグに散弾銃の弾が詰まっている。スローウェイトとも呼ぶ。
スローライン throwline	細くて軽いコードに小さな重りを取り付けた道具。クライミングラインやリギングラインを樹上にセットするためのパイロットラインとして用いる。
静荷重 せいかじゅう static load	質量によって加わる一定の荷重。**対照語**：動荷重
成長輪 せいちょうりん growth rings	樹木の幹や枝、根の断面に見られる木部の輪。温帯地域ではこれらの輪は1年毎の成長を表しており、年輪と呼ばれることもある。
生物性の biotic	生物に関するもの。
セキュアド・フットロック secured footlock	ロープを足に絡ませてロープを登る方法で、落下を防ぐための機能がある。
剪定バサミ せんてい secateurs	小径の枝を1本ずつ切るための剪定道具。プルーニングシアー、ハンドプルーナーとも呼ばれる。
相互優勢枝／相互優勢幹 そうごゆうせいし／そうごゆうせいかん codominant branches/codominant stems	ほぼ同径でフォーク状に分岐した枝。1つの分岐点から伸びているが、通常の枝の結合形態をもたない。
側芽 そくが lateral bud	枝の途中から出る芽。**対照語**：頂芽
対生葉序 たいせいようじょ opposite leaf arrangement	各節に2枚の葉または2つの芽が、枝を挟んで対になってつく配列。**対照語**：互生葉序
タグライン tagline	切り離す枝の振れをコントロールしたり、切り離すものの倒れる方向や落下をコントロールするために使用するロープ。
ダブル・クロッチ double-crotch	1本あるいは2本のクライミングラインを樹上2箇所にかけて2つのクロッチをとるテクニック。
ダブルフィッシャーマンズ・ノット（ベンド） double fisherman's knot (bend)	2本のロープあるいは1本のロープの2端をつなぐ際に一般的に用いるノット。プルージックループをつくる場合など。
ダブルブレイド double braid	ブレイドロープの中にブレイドロープがあるロープ構造で、その両方で荷重を負担する。
ダブルロッキング／ロック（ゲート） double-locking (gate)	カラビナに関する用語。カラビナのゲートを開けるために2つの異なる操作を必要とする。
玉切り bucking	幹や丸太を扱いやすい長さに短く切ること。
単葉 たんよう simple leaf	単葉身（葉身が1枚）の葉。小葉からなるものではない。**対照語**：複葉
力 force	物体の運動を加速／減速させる作用や影響のこと。質量×加速度で求められる。ベクトル量。

チッパー chipper	枝を砕いてチップにする機械。
チップタイ tip-tied (tip-tying)	切り離す枝の先端側（小枝側）にラインを結ぶこと。
チャップス chaps	レッグプロテクションの一種。チェーンソー作業時に着用する。
頂芽 ちょうが terminal bud	小枝やシュートの頂端の芽。**対照語**：側芽
超高強度(EHS)ケーブル extra-high-strength(EHS) cable	７ストランドのスチールケーブルで樹木のケーブリングによく用いられる。コモングレードケーブルよりも強度は高いが柔軟性は低い。樹木用デッドエンドグリップで末端処理する。
直接接触 direct contact	身体の一部が電圧のかかったエレクトリカルコンダクターに触れること。**対照語**：間接接触
ツル hinge	受け口と追い口の間に切り残される帯状の木質繊維部分を指し、伐倒方向や枝の切断方向をコントロールする。
ティンバー・ヒッチ timber hitch	ラインに巻きつけるタイプのノットで、ラインを太い枝や幹に結びつけるために用いる。
テーパー taper	幹や枝、根の長さ方向に沿った径の変化。細り方。
デッドアイスリング dead-eye sling	一端にアイを備えたロープスリング。アイスリング、固定アイスリング、スプライスドアイスリングとも呼ばれる。
デッドウッディング deadwooding	枯れ枝や枯れかけている枝を取り除くこと。
デッドエンドグリップ dead-end grips	ケーブル末端処理デバイスで、EHSケーブルの末端処理に用いる。コモンケーブルに使用することもある。
デッドエンドハードウェア dead-end hardware	幹や枝を貫通させずに、細目に開けた下穴で直接ねじを締めて固定するタイプのケーブルアンカーやブレーシングロッドを指す。**対照語**：スルーハードウェア
デンプン starch	糖分子が結合してできた多糖類で、植物内でのエネルギー貯蔵はこのデンプンの形で行われる。
動荷重 どうかじゅう dynamic load	運動する物体によって生み出される力。時間や運動と共に変化する荷重。**対照語**：静荷重
トートライン・ヒッチ tautline hitch	クライマーがアセンド、ディセンド、ワークポジショニング時に落下防止のために使用するフリクション・ヒッチ。
徒長枝 とちょうし watersprout	根接ぎや土壌のラインより上で、植物の幹や枝の休眠芽から生じ、上方に向かって伸びるシュート。吸枝と混同されることがあるが、吸枝というのは根から出るシュートである。
トッピング topping	樹木のサイズを小さくする際の不適切な剪定方法。芽やスタブ、節間あるいは頂芽優性枝としての役割を担うには不十分な大きさの側枝まで切り戻すこと。
トランクフレア（根株） trunk flare	幹から根へと移行するゾーンで、幹の径が広がりつつ支えとなる根へとつながっている。ルートフレア。
ドリップライン drip line	１個体あるいはひとかたまりの植物の枝の広がりを地面に投影した、土壌表面上の仮想境界線。
ドロップ・カット drop cut	枝を確保することなくそのまま落とす方法で、アンダーカットとその後に入れるトップカットからなる。通常、最終切断箇所（仕上げの位置）を見込んでその外側で行う。
ドロップ・ゾーン drop zone	切断した枝や部位を樹上から落としたり下ろしたりするためのエリア。

ノット knot	ノット、ベンド、ヒッチの総称。
バーバーチェア barber chair	幹や枝が追い口から上方へ垂直に裂け上がることで発生する危険な状態。
ハーフ・ヒッチ half hitch	ラインを一時的に物に結びつけておく際に使用するシンプルなノット。他のノットとのコンビでバックアップとしても使用する。
バイト bight	ロープを曲げてできるU字型の屈曲部分。
バットタイ butt-tied (butt-tying)	切り離す枝の元側にラインを結ぶこと。
バットヒッチ／バットヒッチング butt-hitching	リギングポイントが切断箇所よりも低い位置にある場合の、材を下ろす方法。
バットレスルート（板根 ばんこん） buttress roots	幹の根元に張り出した根で、樹体を支持して物理的ストレスを分散している。
バランス balance	リギングにおいて枝の元・先のどちらか一方を落としたりせず、平衡状態を保ったまま下ろすためのテクニック。
バリアゾーン barrier zone	樹木が損傷したり病原体に侵された際、新しくできる成長輪に腐朽が広がるのを抑制するために形成層によってつくられる化学的な防御組織。**対照語**：リアクションゾーン
半径 radius	円の中心から外辺までの長さ。
ハンドプルーナー hand pruners	13mm未満の径の小枝の剪定で使用するハサミ。
反力 はんりょく reactive force	ある力に反応して生み出される反対方向の力で、チェーンソー使用時によく見られる。
ピーヴィ peavy	頑丈な木製のてこで、強度のある鋭いスパイクとフックを備えている。丸太を転がす際に使用する。
ピーン peen	ナットが緩んで外れないようにするために、ロッド等のスルーハードウェアのエンドを曲げたり丸めたり平らに潰したりすること。
被覆剤 ひふくざい wound dressing	樹木の傷口や剪定の切り口に塗布する保護剤。
非生物性の abiotic	生きていない、生命のない。
ヒッチ hitch	ロープを物やそのロープ自身のスタンディングパートに結びつける際に用いるノットの種類。
引張強度 ひっぱりきょうど tensile strength	商品テストにおいて、新品の器材やロープが静荷重のもとで破断する力。
ヒンジ・カット hinge cut	受け口と追い口でツルをつくり、枝の切断方向をコントロールするために用いるカット手順。
フィギュアエイト・ノット figure-8 knot	ストッパーノットとしてよく使われる結び。
プーリー pulley	2枚のサイドプレートの間に溝のある回転ホイールを備えたデバイス。ラインを引っ張る方向を変える際に使用する。
フォール fall	リギングラインのリギングポイントからアンカーポイントまでの部分の呼び方。**対照語**：リード
フォルス・クロッチ false crotch	クライミングやリギング時、ロープをセットするために擬似的なまたとして樹上に取り付けるデバイス。適したナチュラル・クロッチがない場合、ある場合でもそのまたを保護するためやロープの摩耗を軽減させるために用いる。

複滑車 ふくかっしゃ block and tackle	プーリーとロープを使った仕組みで、材を引き上げたり引っ張ったりする際にメカニカルアドバンテージ（倍力）を得るために用いる。
複葉 ふくよう compound leaf	複数の小葉からなる葉。**対照語**：単葉
節 ふし node	葉や芽が出る、枝のわずかにふくらんだ部分。
フットロック footlock (footlocking)	ロープを足に絡ませてロープを登る方法。セキュアド・フットロック参照。
ブランチカラー branch collar	枝とその親枝あるいは幹とが結合しているエリア。枝と幹の双方からの維管束組織が重なり合って形成される。概してこの部分は膨らんでいることが多い。
ブランチバークリッジ branch bark ridge	枝の基部上側の、隆起した樹皮の尾根状のライン。枝とその親枝あるいは幹のそれぞれの成長・肥大が樹皮を押し上げてできる。
ブランチプロテクションゾーン branch protection zone	枝の基部の親枝や幹側にある、特別な組織で、枝で起こった変色や腐朽が親枝や幹へ進行するのを防ぐ。
フリクションデバイス friction device	リギングをコントロールするフリクションを得るためにロードラインを巻きつけるデバイス。
フリクション・ヒッチ friction hitch	ロープ上でのスライド、グリップ操作が可能なノット。ツリークライミングやリギングで使用し、種類が多数ある。
プルージック・ヒッチ Prusik hitch	ロープに複数回巻きつけるタイプのフリクション・ヒッチで、クライミングやリギングで使用する。フットロックで上る際にクライミングラインにプルージックループを取り付けて使用することが多い。
プルージックループ Prusik loop	クライミングやリギングでプルージック・ヒッチを結ぶ際に使用する、ループ状のロープ。
プルーニングソー pruning saw	樹木の剪定で使用するハンドソー（剪定ノコギリ）。主に引く動作で切れるものが一般的。
プルライン pull line	目的の方向に材を引っ張るために使用するタグラインや樹木の頂部や切断する部位に結ぶライン。
ブレイクス・ヒッチ Blake's hitch	クライマーが使うフリクション・ヒッチで、トートライン・ヒッチやプルージック・ヒッチの代用となる。
ブロック block	リギングで用いる重荷重用プーリー。動荷重用にデザイン、設計されている。
フンボルト・ノッチ Humboldt notch	上面が水平で下面で角度がついている、伐倒で使用する受け口。フンボルト・スカーフ、リバース・スカーフとも呼ばれる。**対照語**：コンベンショナル・ノッチまたはコモン・ノッチ、オープンフェイス・ノッチ
ヘイヴングリップ Haven grip	ケーブルを挟んで固定しておくためのデバイス。
ヘディングカット heading cut (heading back)	シュートを芽まで切り戻したり、枝を芽や頂芽優性を担うほどには大きくない側枝、あるいはスタブへと切り戻すカット。構造上の目的のために古い枝や幹をスタブへと切り戻すカット。
辺材 へんざい sapwood	木部内の外側の層。水分やミネラルの運搬が盛ん。**対照語**：心材
ベンド bend	2つのロープ端をつなぐためのノットの総称。
ベンドレシオ bend ratio	ロープを巻く対象物（枝やシーブなど）の径の、ロープ径に対する比率。
ボアカット／突っ込み切り bore cut	幹にチェーンソーを突っ込んでツルをつくり、そのツルから後ろに切り広げて追いヅルをつくる、追い口テクニック。突っ込み切り。

放射組織 ほうしゃそしき ray	樹木の木部と篩部を貫いて半径方向に伸びる柔組織。運搬・貯蔵・防御といった働きがある。
ボーライン bowline	輪をつくるノットで、物をロープに括りつけるために使用する。
ポールソー pole saw	長い柄の先に剪定ノコギリがついた道具(高枝切りノコギリ)。
ポールプルーナー pole pruner	長い柄の先に剪定バサミがついた道具（高枝切りバサミ）。普通の剪定ばさみでは届かない箇所で同様の細い枝の剪定を行う際に使用する。
ボディ・スラスト body-thrust	クライミングロープを使用して木に登る方法のひとつ。
ボラード bollard	タイオフしたり、コントロールのための摩擦力を得るためにロープを巻きつける筒。
ホロウブレイド hollow braid	コアをもたない中空編みのロープ構造。
マイクロプーリー micropulley	クライミングやリギングで使用する、小型の軽荷重用プーリー。ノットをスライドしやすくする用途でよく用いられる。
摩擦 まさつ friction	2つの接する物体間での相対運動を妨げる特定の力。運動に対して常に反対の方向に働く。
ミネラル mineral	自然界に存在する無機質個体で、一定の化学組成をもち、特有の物理的性質を備えている。
メカニカルアドバンテージ/倍力 mechanical advantage	作用力を増幅させることができるシステム。
木部 もくぶ xylem	樹木やその他植物における水分やミネラルの主な通導組織。細胞壁へのリグニンの蓄積で木質化し、構造的支えとなる。一方向性（上方向への通導のみ）。 **対照語**：篩部
葉痕 ようこん leaf scar	葉が落ちた後に小枝に残る痕。
葉鞘 ようしょう fascicle sheath	針葉(特にマツ属)の付け根を包む鞘状の覆い。
ライオンテール lion tailing	剪定の悪い例。枝の内側（元側）を透き過ぎることで、先の方にだけ葉のかたまりが残った状態。
ラグフック（Jフック） lag hook (J-hook)	開いたアイ（J型）をもつ、ねじ切りされたケーブルアンカー。
落葉樹 deciduous	遺伝子的にスケジュールされたサイクルによって温帯の寒い時期にその葉をすべて落とす樹木や植物。**対照語**：常緑樹
ランディングゾーン landing zone	リギング作業で切ったものを下ろすための、あらかじめ決めておくエリア。
ランニングエンド running end	使用していない側のロープ端。**関連用語**：スタンディングパート、ワーキングエンド
ランニングボーライン running bowline	取り除く枝をタイオフしてコントロールするためによく用いるノット。結びたいポイントにワーカーが直接届かない場合でもこのノットで結ぶことができる。
ランヤード lanyard	カラビナやスナップ、アイスプライスを備えた短いロープ。ワークポジショニング・ランヤードはクライマーを一時的に1箇所に確保する際に用いる。
リアクションゾーン reaction zone	ダメージを受けた木質部を健康な木質部から隔離するため、樹木内部の化学的作用によって形成される境界。樹木腐朽の区画化のプロセスで重要。 **対照語**：バリアゾーン
リード lead	リギングラインのリギングポイントから切断部位までの部分の呼び方。 **対照語**：フォール

リギング rigging	ロープや器材を使用して大きな枝を除去したり伐木する方法。
リギングポイント rigging point	リギング作業をコントロールするためにロードラインを通す、樹上（ナチュラル／フォルス・クロッチを問わず）あるいはその他のポイント。
リスクリダクション・プルーニング risk reduction pruning	樹木倒壊のリスクを減らしたり、潜在的な危険を軽減するために行う剪定。
リダクション reduction	枝や樹冠の高さ・広がりを小さくする剪定。
リダクションカット reduction cut	頂芽優勢枝としての役割を担える側枝まで枝や幹を切り戻してその長さを縮めるカット。
輪生　りんせい whorled	葉や枝が1点でぐるりと円状に配置されている状態。
ルートクラウン（根張） root crown	主根が幹とつながるエリアで、たいていは地表面か地表面近くにある。ルートカラー。
レイジング raising	樹下にスペースを空けるため、下層の枝を取り除くこと。リフティング。
レスキューキット rescue kit	クライミングギアや緊急装備のこと。どの作業現場にも用意して、エアリアル・レスキューや応急処置を行える状態にしておくべき。
レスキュープーリー rescue pulley	マイクロプーリー参照。
レストレーション restoration	(1)先端をひどく切られたり、破壊されたり、ダメージを受けた樹木の構造や樹形、その姿を改善するための剪定。(2)変えられたりダメージを受けた生態系を回復させるための管理や植樹。
レッグプロテクション leg protection	チェーンソー使用時に脚部を覆って保護する、チャップスや耐切創パンツ。
レッグロック leglock method	チェーンソーのエンジンをかける方法。チェーンソーのトップハンドルを左手で持って後部を足でしっかりと挟み、自由な右手でスターターコードを引く。チェーンソー起動時には常にチェーンブレーキをかけておかなくてはならない。
裂片　れっぺん lobe	切れ込み（裂欠）の入った形の葉の、外に向かって突き出ている一片一片。
ロードライン load line	切った枝や部位を下ろすために使用するロープ。
ロック式（ゲート） locking (gate)	カラビナやスナップに関する用語。カラビナやスナップのゲートを開ける予備操作（ロック解除）として少なくとも1つ以上の異なる動作を必要とする。
ロック式スナップ locking snap	自動閉鎖式で、1つのロック解除操作とそれとは別にゲートを開けるための操作を必要とするコネクティングデバイス。ツリークライマーは主にランヤードに使用する。
ロッピングシアーズ（ロッパーズ） lopping shears (loppers)	ハンドルが長く、両手で使う大ばさみ（長柄の剪定バサミ）。ハンドプルーナーで切るには太すぎる幹や枝を切る際に使用する。
ワーキングエンド working end	リギングやクライミングで使用している側のロープ端。**関連用語**：ランニングエンド、スタンディングパート
ワークポジショニング・ランヤード work-positioning lanyard	クライミングで使用するランヤード。自身を確保しておくための2つ目の手段とすることが多い。
ワークプラン（作業計画） work plan	作業達成のためのあらかじめ計画された方法。

資料編 C
参考資料

Adams, Mark. 2004. An overview of climbing hitches. *Arborist News* 13(5):29-35.

Adams, Mark. 2005. Son of a hitch: A genealogy of arborists' climbing hitches. *Arborist News* 14(2):51-55.

American National Standards Institute. 2000. *American National Standard for Tree Care Operations—Tree, Shrub, and Other Woody Plant Maintenance—Standard Practices(Support Systems a. Cabling, Bracing, and Guying)* (A300, Part 3). Tree Care Industry Association, Manchester, NH. 29 pp.

American National Standards Institute. 2000. *American National Standard for Arboricultural Operations—Pruning, Repairing, Maintaining, and Removing Trees, and Cutting Brush—Safety Requirements* (Z133.1). International Society of Arboriculture, Champaign, IL. 32 pp.

American National Standards Institute. 2001. *American National Standard for Tree Care Operations—Tree, Shrub, and Other Woody Plant Maintenance—Standard Practices(Pruning)* (A 300, Part 1). Tree Care Industry Association, Manchester, NH. 9 pp.

ArborMaster Video Training Series I: Introduction to Climbing Techniques. 1997. VHS. Produced by the International Society of Arboriculture, Champaign, IL.

ArborMaster Video Training Series II: Innovations in Climbing Equipment and Rigging Knots, Ropes, Slings, and Eye Splices. 1998.VHS. Produced by the International Society of Arboriculture, Champaign, IL.

ArborMaster Video Training Series III: Chainsaw Safety, Maintenance, and Cutting Techniques. 1998. VHS. Produced by the International Society of Arboriculture, Champaign, IL.

The Art and Science of Practical Rigging. 2001. VHS. Produced by the International Society of Arboriculture, Champaign, IL.

Blair, Donald F. 1999. *Arborist Equipment: A Guide to the Tools and Equipment of Tree Maintenance and Removal*, 2nd ed. International Society of Arboriculture, Champaign, IL. 300 pp.

Dirr, Michael A. 1998. *Manual of Woody Landscape Plants.* Stipes Publishing, Champaign, IL. 1,187 pp.

Donzelli, Peter S., and Sharon J. Lilly (in collaboration with ArborMaster® Training, Inc.). 2001. *The Art and Science of Practical Rigging.* International Society of Arboriculture, Champaign, IL. 162 pp.

Electrical Hazard Awareness Program. 1994. Tree Care Industry Association, Manchester, NH.

Gilman, Edward F., and Sharon J. Lilly. 2002. *Best Management Practices—Tree Pruning.* International Society of Arboriculture, Champaign, IL. 35 pp.

Introduction to Arboriculture: Pruning. 2005. CD-ROM. International Society of Arboriculture, Champaign, IL.

Introduction to Arboriculture: Tree Biology. 2003. CD-ROM. International Society of Arboriculture, Champaign, IL.

Introduction to Arboriculture: Tree Identification and Selection. 2005. CD-ROM. International Society of Arboriculture, Champaign, IL.

Introduction to Arboriculture: Tree Worker Safety. 2004. CD-ROM. International Society of Arboriculture, Champaign, IL.

Jepson, Jeff. 2000. *The Tree Climber's Companion*, 2nd ed. Beaver Tree Publishing, Longville,

MN. 104 pp.

Lilly, Sharon J. 1992. *The Tree Worker's Manual*. Ohio Agricultural Curriculum Materials Service, Columbus, OH.

Lilly, Sharon J. 1998. *Tree Climbers' Guide*. International Society of Arboriculture, Champaign, IL. 143 pp.

Lilly, Sharon J. 2001. *Arborists' Certification Study Guide*. International Society of Arboriculture, Champaign, IL. 222 pp.

Ropes, Knots, and Climbing. 1994. VHS. Tree Care Industry Association, Manchester, NH.

Sherrill Arborist Supply Master Catalog. 2005. Sherrill, Inc., Greensboro, NC.

Shigo, Alex L. 1986. *A New Tree Biology Dictionary*. Shigo and Trees, Associates, Durham, NH. 132 pp.

Shigo, Alex L. 1989. *Tree Pruning: A Worldwide Photo Guide*. Shigo and Trees, Associates, Durham, NH.

Smiley, E. Thomas, and Sharon Lilly. 2001. *Best Management Practices—Tree Support Systems: Cabling, Bracing, and Guying*. International Society of Arboriculture, Champaign, IL. 30 pp.

資料編 D
練習問題・解答

第 1 章　練習問題

用語の説明として、当てはまる内容（A～H）を選択しなさい。

木部：　**F**

吸収根：　**D**

入皮：　**G**

師部：　**B**

光合成：　**E**

形成層：　**H**

蒸散：　**C**

落葉樹：　**A**

A．すべての葉を毎年落とす樹木

B．栄養分を運搬する組織

C．葉からの水蒸気の放出

D．ほとんどは地表から15～30cmほどの深さにある

E．植物による糖の生産

F．水分を樹木に運び上げる

G．樹木のまた内部に入り込んだ樹皮

H．樹木における肥大成長ゾーン

次の文の記述内容は、正しいか誤りか選択しなさい。

1.　（正）誤　細い繊維質の根は水分やミネラルを吸収します。

2.　正（誤）　樹木の根系は、樹冠の形を映したような姿をしています。

3.　（正）誤　根は水分と酸素のある場所で成長する傾向があります。

4.　正（誤）　樹木の根がドリップラインを超えて成長することはまれです。

5.　（正）誤　デンプンは樹木の幹や枝全体で貯蔵されます。

6.　正（誤）　形成層は幹や枝の中心にあります。

7.　正（誤）　師部は糖を根だけに運びます。

8.　正（誤）　木部は樹皮のすぐ内側にあります。

9.　（正）誤　通常、1つ1つの成長輪は1年ごとの成長量を示しています。

10.　（正）誤　成長輪の幅はこれまでの成育条件を表しています。

11.　正（誤）　心材は水分やミネラルを樹木に運び上げます。

12.　（正）誤　ほとんどの樹種では、辺材の外側の層のみが水分を運びます。

13.　（正）誤　放射組織はデンプンの貯蔵場所です。

14.　（正）誤　幹と結合している枝の付け根の膨らみをブランチカラーと呼びます。

15.　（正）誤　葉は樹木の"食糧製造工場"といえます。

16.　（正）誤　活力のある樹木は、腐朽の広がりを抑制するためにその腐朽を区画化します。

17.　正　**誤**　樹木がストレス状態にある時、たいていの原因は虫です。

18.　**正**　誤　樹冠全体の衰えを見せる樹木は、根の問題を被っている可能性があります。

19.　**正**　誤　一般的に落葉樹では、葉にだけ影響を与える虫や病気は致命的な問題ではありません。

20.　**正**　誤　樹木の維管束系に影響を与える虫や病気はたいてい深刻な問題となります。

用語に当てはまる説明文（A～H）を選択しなさい。

ルートクラウン：　**B**　　　　　　A．土壌粒子の隙間

サルノコシカケ：　**G**　　　　　　B．根が幹とつながるエリア

単葉：　**E**　　　　　　　　　　　C．葉の縁のぎざぎざ

複葉：　**H**　　　　　　　　　　　D．またの間で押し上げられた樹皮

ブランチバークリッジ：　**D**　　　E．１枚の葉につき１つの葉身

孔隙：　**A**　　　　　　　　　　　F．小枝の先端の芽

頂芽：　**F**　　　　　　　　　　　G．樹木内の腐朽の兆候

鋸歯：　**C**　　　　　　　　　　　H．複数の小葉をもつ葉

それぞれ１つずつ解答を選択しなさい。

1．ほとんどの吸収根が、　**c**　にあります。

　　a．深根の基部

　　b．直根の表面

　　c．地表から15～30cmほどの深さ

　　d．樹冠のドリップラインより内側

2．2つの芽が枝の両側で互いに向かい合って出ているなら、葉序は　**d**　と呼ばれます。

　　a．互生

　　b．腋性

　　c．輪生

　　d．対生

3．束になった針葉をもつのはどの常緑樹でしょう。　**a**

　　a．マツ属

　　b．ツガ属

　　c．モミ属

　　d．トウヒ属

第 2 章　練 習 問 題

用語の説明として、当てはまる内容（A～H）を選択しなさい。

shall（するものとする）：　**F**

approved（認可された）：　**G**

CPR：　**C**

直接接触：　**D**

should（すべき）：　**B**

間接接触：　**H**

ANSI Z133.1：　**E**

チャップス：　**A**

A．チェーンソー使用時のレッグプロテクション

B．努力義務

C．心肺蘇生法

D．電圧のかかったエレクトリカルコンダクターとの接触

E．アーボリカルチャー業務のための基準

F．義務

G．該当する安全基準を満たしている

H．電圧のかかったエレクトリカルコンダクターとつながっている物体との接触

次の文の記述内容は、正しいか誤か選択しなさい。

1 （正）誤　OSHA（カナダではOHSA）は、労働安全衛生に関する規則を制定しています。

2 正（誤）　ANSI Z133.1は、樹木の刈込みに関するOSHAの安全基準です。

3 正（誤）　ANSI規格は米国労働局によって制定されました。

4 正（誤）　樹上にクライマーがいる間のみヘッドプロテクションを着用する必要があります。

5 正（誤）　アイプロテクションを装着することが望ましいですが、ツリーワークの要件ではありません。

6 （正）誤　ヒアリングプロテクションには耳栓やイヤマフタイプのものがあります。

7 （正）誤　ワーカーはチッパー作業中に長手袋を着用してはいけません。

8 （正）誤　事業者はすべての機材について、正しい使用方法をワーカーに教育しなくてはなりません。

9 正（誤）　救急キットを各トラックに搭載しておくことが推奨されますが、これは任意です。

10 （正）誤　燃料補給する場所から3m以内では、機器のエンジンをかけたり操作をしてはいけません。

11 （正）誤　送電線と通信用ケーブルはすべて、致命的な電圧がかかっているものとみなします。

12 （正）誤　エレクトリカルコンダクターの付近で作業するアーボリストは全員、認可された教育を受けなくてはなりません。

13 （正）誤　エレクトリカルコンダクターとはワイヤやケーブル、送電線、その他施設などを含め、頭上架設・地下埋設された電気設備を指します。

14 正（誤）　ゴム製のフットウェアや手袋は、感電を完全に防ぐことができます。

15 正（誤）　落としがけは、チェーンソー始動に推奨される方法です。

16 正（誤）　地上ではチェーンソーを両手で使用しなくてはなりませんが、樹上では片手で使用することができます。

17 （正）誤　燃料補給の際には、チェーンソーのエンジンを止めなくてはなりません。

18 （正）誤　ガイドバーの先端上部が物に接触するとキックバックが起こることがあります。

19　正　**(誤)**　よく訓練されたクライマーはコンディションがよければ、チェーンソーのキックバックを素早く避けることができます。

20　**(正)**　誤　安全管理は、グラウンドワーカーから会社のオーナーに至るまで全従業員の責任です。

それぞれ1つずつ解答を選択しなさい。

1. 致命的な電圧がかかっているとみなされるものはどれでしょう。　__d__
   a. 頭上の電線
   b. 地下の電線
   c. 電話・ケーブルTVのワイヤ
   d. 上記すべて

2. アーボリストにヘッドプロテクションが求められるのは、　__a__
   a. ツリーケア作業を行う際は常に
   b. 現場監督の指示がある場合
   c. クライマーが樹上にいる際は常に
   d. チェーンソーやチッパーを使用している場合のみ

3. チェーンソーのキックバックが起こり得るのは、　__c__
   a. チェーンの張りが適切でない場合
   b. スプロケットやガイドバーが摩耗している場合
   c. ガイドバーの先端上部が物に接触した場合
   d. チェーンソーの刃が均等に研げていない場合

第 3 章　練習問題

用語の説明として、当てはまる内容（A～H）を選択しなさい。

16ストランドロープ：　　**E**　　　　　A．ロープを曲げてできる屈曲部または弧

ワーキングエンド：　　**F**　　　　　　B．クライマーが使う一般的なフリクション・ヒッチ

ダブル・フィッシャーマンズ・ノット：　C．デバイスを樹木に固定するのに使われる

　　　　　　　　　　　　　　H　　　D．コアとカバーで荷重を受ける

カウ・ヒッチ：　　**C**　　　　　　　　E．ツリークライミングでよく使われる

フィギュアエイト・ノット：　　**G**　　F．使用している側のロープ端

ダブルブレイド：　　**D**　　　　　　　G．ストッパーノットとして使われる

ブレイクス・ヒッチ：　　**B**　　　　　H．ロープとロープをつなぐのに使われる

バイト：　　**A**

次の文の記述内容は、正しいか誤りか選択しなさい。

1．　⊛正　誤　　ポリエステルとポリエステル混がアーボリスト用ロープの素材として最もよく使用されています。

2．　正　⊛誤　　３ストランドロープは、強度が高く、高価格、そしてねじれや伸びたより糸のよじれが起こりにくいことで知られています。

3．　正　⊛誤　　ダブルブレイドロープはナチュラル・クロッチリギングに推奨されています。

4．　⊛正　誤　　ロープのスタンディングパートとは、ワーキングエンドとランニングエンドの間の使われていない部分です。

5．　⊛正　誤　　"ノット"は、ノット、ヒッチ、ベンドの総称です。

6．　⊛正　誤　　ヒッチは、ロープを物や他のロープ、同一ロープのスタンディングパートに結びつけるのに用いられる結びの種類です。

7．　⊛正　誤　　結びの"ドレス"は結びの各部分を整え、"セット"は結びを締めて崩れないようにすることです。

8．　正　⊛誤　　長年の間、米国のクライマーが主に使用しているクライミング・ヒッチはランニング・ボーラインです。

9．　⊛正　誤　　ブレイクス・ヒッチの弱みは、降下時の速度が速かったり距離が長かったりした場合に摩擦熱によってロープの表面が溶けてガラス化する傾向があることです。

10．　⊛正　誤　　枝を縛る際にランニング・ボーラインを使用する利点は、荷重がかかった後でも解きやすいことです。

11．　正　⊛誤　　フィギュアエイト・ノットは"スリップ"ノットの代表的な例です。

12．　⊛正　誤　　ミッドライン・クローブ・ヒッチはクライマーに器材を送り上げるのによく使われます。

13．　⊛正　誤　　枝を縛るのにエンドライン・クローブ・ヒッチを使用する場合は、少なくとも２ハーフ・ヒッチでバックアップする必要があります。

14. 正 **⑳** "スリップ"できるように結べる（引っ張れば外れる）結びはほとんどありません。

15. **⑲** 誤 スリップ・ノットとして知られているのはスリップド・オーバーハンド・ノットです。

16. 正 **⑳** シート・ベンドのアーボリストの主な用途は、プルージック・ループをつくることです。

17. **⑰** 誤 プルージック・ループを用いる場合（例えばセキュアド・フットロックの墜落防止対策など）、ワーキングラインにプルージックを結びつけるには、小さい径のロープを使用します。

18. **⑱** 誤 スリングでデバイスを木に固定するためにティンバー・ヒッチで結ぶ場合、常にロープを少なくとも5回以上よじって、幹周り半周以上に巻き付ける必要があります。

19. **⑲** 誤 シート・ベンドは、2本の異なる径のロープをつないだり、クライマーにロープを送り上げたりするのによく使われます。

20. **⑳** 誤 天然繊維は一般的には最近の合成繊維ほど強度がなく、経年による腐朽の可能性があります。

それぞれ1つずつ解答を選択しなさい。

1. ロープを物や他のロープ、あるいは自身のスタンディングパートに結びつけるノットの種類は、　**c**
   a．ベンド
   b．バイト
   c．ヒッチ
   d．スリップ

2. ループをつくるのに用い、簡単に解くことができる、よく知られたノットは、　**a**
   a．ボーライン
   b．クローブ・ヒッチ
   c．トートライン・ヒッチ
   d．シート・ベンド

3. トートライン・ヒッチよりもブレイクス・ヒッチが優れている点は以下のうちどれでしょう？　**d**
   a．ドレス、セットが崩れない
   b．結びが緩んでいないかをあまり気にしなくていい
   c．緩んで解けたりしにくい（とはいえストッパーノットが必要）
   d．上記すべて

第 4 章　練 習 問 題

用語の説明として、当てはまる内容（A～H）を選択しなさい。

プルージック・ループ：　**G**

ダブル・クロッチング：　**H**

エアリアル・レスキュー：　**E**

フットロック：　**C**

PPE：　**A**

サルノコシカケ：　**D**

スローライン：　**B**

スキャバード：　**F**

A．個人用保護具

B．ロープをセットするために使用する、重りを付けたコード

C．ロープを登る技術

D．菌類の子実体であり、腐朽の兆候

E．負傷したクライマーを地上へ下ろすこと

F．ハンドソー用の鞘

G．セキュアド・フットロックで使用する

H．2つのポイントでタイインすること

次の文について、正しいか誤りか選択しなさい。

1．（正） 誤　クライマーはその作業に該当するすべての安全基準（米国では、特にANSI Z133.1の最新版）に従わなくてはなりません。

2．正 （誤）　グラウンドワーカーは規格に準拠したヘッドプロテクションとアイプロテクションを装着しなくてはなりませんが、クライマーには必要ありません。

3．（正） 誤　カラビナを使用する場合、そのメジャーアクシス方向でのみ荷重をかけなくてはなりません。

4．（正） 誤　クライミングに使用するカラビナやスナップは引張強度が23kN以上なくてはなりません。

5．正 （誤）　古くなったり、摩耗や傷ができたりしたクライミングラインはリギング用としてのみ使用しなくてはなりません。

6．（正） 誤　ワークポジショニング・ランヤードの各パーツはロープやカラビナに求められる強度を満たしていなくてはなりません。

7．（正） 誤　クライミングロープは使用前に毎回点検すべきです。

8．（正） 誤　ボディ・スラストは樹上へのアセント方法のひとつです。

9．（正） 誤　どの作業も、ワークプラン、危険予知、必要な装備、作業手順などをカバーするジョブブリーフィングから始めなくてはなりません。

10．正 （誤）　クライミング・スパイクはその爪の痕が目立たない限りは、クライミングでの使用を認められています。

11．（正） 誤　木にエントリーしたり、樹上で作業する間は、クライマーはタイインするか他の方法で自身を確保していなくてはなりません。

12．正 （誤）　スローラインはクライミングラインをセットする際に使うことができますが、その精度は高さ15m以下に制限されます。

13．（正） 誤　鋼線芯入りのランヤードはエレクトリカルコンダクターの周囲で作業する時には決し

て使用してはなりません。

14. 正 **誤** クライマーがポールを使ってクライミングラインをより高い位置にセットするのは安全規則に反しています。

15. **正** 誤 ボディ・スラストではロープを使って木に登りますが、セキュアド・フットロックではロープそのものを登ります。

16. 正 **誤** ボディ・スラストでのクライミングは、一般的にプルージック・ループが使用されます。

17. 正 **誤** セキュアド・フットロックは普通、ボディ・スラストよりも登るのに時間がかかりエネルギーを消費します。

18. **正** 誤 ボディ・スラストでは、クライミング・ヒッチの下にマイクロプーリーを付けておくと、クライマーがアセンドする間、グラウンドワーカーがクライミングラインのたるみを引っ張ってとることができます。

19. **正** 誤 クライミング・スパイクは伐木時かエアリアル・レスキューの緊急時に使用を認められています。

20. 正 **誤** ダブル・クロッチングではタインポイントで幹にラインを2巻きする必要があります。

21. **正** 誤 優れたクライマーは木に登ることはもちろん、枝先にアクセスしたりバランスを維持したりと、ロープを駆使して樹上で自由に動くことができます。

22. **正** 誤 スイングしたり落下したりしても電気伝導体に接触しないように、クライマーは常にタインしていなくてはなりません。

23. **正** 誤 基本的には、樹木の高くて中心寄りのポイントにタインするのがベストです。

24. **正** 誤 高い位置でタインポイントを取れば、樹木の大部分にアクセスしやすくなります。

25. 正 **誤** 低い位置でタインポイントを取れば、水平な枝の上をより先の方まで移動することができます。

26. **正** 誤 樹上でチェーンソーを使用する場合、ワークポジショニング・ランヤードか、クライミングラインとは別にかけたラインで自身を確保していなくてはなりません。

27. **正** 誤 エアリアル・レスキューの第一段階は、救助を呼ぶことに加えて、感電の危険性があるかどうかを判断することです。

28. **正** 誤 首や脊椎の損傷が疑われる場合、負傷したクライマーを動かさないでください。

29. 正 **誤** 要救助者の脈がない場合、樹上で直ちにCPRを行わなくてはなりません。

30. **正** 誤 タインにフォルス・クロッチを用いる利点は、ロープの摩耗や樹木へのダメージを軽減できるといったことが挙げられます。

それぞれ1つずつ解答を選択しなさい。

1. プルージック・ループを用いてセキュアド・フットロックする場合、両手は常にノットの下側でロープを握っていることが重要です。なぜなら、___**b**___
    a．そうしないとノットを上げることができないからです。
    b．そうしておけば、不用意に触れてノットが緩んでしまうこともなく、体重をかけたループ共々クライマーが滑り落ちてしまうという事態を防ぐことができるからです。

---

　　c．そうすることでマイクロプーリーとの干渉を避けられるからです。

　　d．上記すべて

2．クライミングラインは安全装備としての役割に加えて、クライマーが　**d**　のに役立ちます。

　　a．枝の先端へアクセスする

　　b．樹上でバランスを維持する

　　c．両手を自由にして作業する

　　d．上記すべて

3．樹上でポールソーやポールプルーナーを使用する場合、　**a**

　　a．刃をクライマーとは反対に向けて掛けておくべきです。そうすれば誤って落下したときにクライ
　　　　マーやロープに刃が当たりません。

　　b．2つの木のまたの間に渡して水平に置いておくのがよいでしょう。

　　c．ランヤードを使用するなら、使いやすい範囲内で道具の刃の部分を自分のD環の近くにキープし
　　　　ておける短さのものがよいでしょう。

　　d．上記すべて

第 5 章　練習問題

用語の説明として、当てはまる内容（A〜H）を選択しなさい。

トッピング：　**G**

鞘：　**E**

レイジング：　**C**

入皮：　**H**

ブランチカラー：　**F**

剪定バサミ：　**B**

ライオンテール：　**D**

クリーニング：　**A**

A．枯れたり折れたりした枝の除去

B．枝を切断する手道具

C．下層の枝の除去

D．シンニングの悪い例

E．剪定ノコギリの外装

F．枝の基部の膨らんだ部分

G．樹冠を小さくする際の好ましくない切り方

H．枝のまたで危険因子となることがある

次の文の記述内容は、正しいか誤りか選択しなさい。

1．（正）誤　適切でない剪定は、後々まで影響するダメージを樹木に与える可能性があります。

2．正（誤）　アンビルタイプの剪定バサミの方がバイパスブレードタイプのものよりも好まれます。

3．正（誤）　刈込みバサミは低木の剪定に最も適した道具です。

4．正（誤）　剪定ノコギリの多くは押し出す際に切れるようにつくられています。

5．（正）誤　特定の樹種を春に剪定すると樹液が流れ出ることがありますが、樹木への悪影響はあまりありません。

6．（正）誤　枝を切る際の仕上げのカットはブランチカラーのすぐ外側で行います。

7．（正）誤　大きくて重量のある枝は3段階に分けて切ります。

8．（正）誤　樹木が若いうちに、骨格枝の構造を確立しておくのが望ましいです。

9．正（誤）　ブランチバークリッジは枝の下側にあります。

10．（正）誤　樹木の成長特性や成長の速度といったものは、剪定では考慮する必要はありません。

11．（正）誤　大きな枝を切ると、老木にとっては深刻なストレスとなる可能性があります。

12．正（誤）　相互優勢幹は、暴風にも耐える強固な構造であることを意味します。

13．（正）誤　入皮は枝の結合を弱めます。

14．正（誤）　幹の細りが少なくなるよう（根元から梢に至る幹の直径差が小さくなるよう）、若木のうちに低い位置にある枝を取り除いておくべきです。

15．（正）誤　剪定では、下から2/3の高さまでは葉量を半分は維持するというのが定説です。

16．（正）誤　クリーニングは枯れ枝や病気の枝、折れたり裂けたりといった損傷を受けている枝などを取り除くものです。

17．（正）誤　枝を元まで切り戻す場合の正しいカット位置は、ブランチカラーのすぐ外側です。

18．正（誤）　トッピングは、樹冠を小さく切り詰めるのに適した切り方です。

19．正（誤）　トッピングは、成長の早い樹種や材の強度が低い樹種に適した切り方です。

20．正（誤）　トッピングは、主要な根を失った樹木に対してのみ行うことができます。

21.　㊣　誤　樹冠内部の過度のシンニングによって、エネルギー生産量が減り、樹勢が衰えるとともに枝の機能障害が起きやすくなります。

22.　㊣　誤　レストレーションすることで、トッピングによって失われた健全な構造や樹形を改善することができるでしょう。

23.　㊣　誤　一般的に、樹冠の25％以上を切ってしまうような剪定は避けるべきです。

24.　正　㊡　一般的に、大きな成木は強度の剪定に対する耐性も高くなります。

25.　正　㊡　被覆剤は、切り口の癒合を早め、虫や病気の侵入を防ぐために広く推奨されています。

それぞれ１つずつ解答を選択しなさい。

1．リダクションは、　**b**　場合に用いる方法です。

　　a．樹高を下げる

　　b．主枝を側枝まで切り戻す

　　c．下層の枝を取り除く

　　d．枝をスタブに切り戻す

2．枝を取り除く際の仕上げのカットは　**a**　のすぐ外側で行います。

　　a．ブランチカラー

　　b．形成層

　　c．幹の細り（テーパー）

　　d．節間

3．樹冠の密度を下げるために行う、細い生きた枝の剪定を　**d**　と呼びます。

　　a．レストレーション

　　b．ドロップクロッチング

　　c．レイジング

　　d．シンニング

第 6 章　練習問題

用語の説明として、当てはまる内容（A～H）を選択しなさい。

引張強度：　**C**

カラビナ：　**F**

スリング：　**E**

ブロック：　**B**

フォルス・クロッチ：　**G**

バットタイ：　**H**

チップタイ：　**D**

タグライン：　**A**

A．材の揺れをコントロールするロープ

B．リギング向けの重荷重用滑車

C．静荷重下での破断強度

D．枝の先端側にロープを取り付けること

E．器材を設置するための短いロープや帯状のひも

F．ロープと器具をつなぐのに用いる

G．ナチュラル・クロッチではなく、設置したリギングポイントのこと

H．枝の元側にロープを取り付けること

次の文の記述内容は、正しいか誤りか選択しなさい。

1. （正）誤　動いていたり、落下している重い枝をロープで止めると衝撃荷重が発生します。
2. （正）誤　落下する枝が止まるまでの落下距離が長いほど、ロープにかかる荷重は大きくなります。
3. 正（誤）　ノットを結ぶとロープの使用荷重が大きくなります。
4. （正）誤　ロープや器具の引張強度を安全係数で割ると、使用荷重（WLL）を出すことができます。
5. （正）誤　引張強度は安定した荷重の下で決定されています。
6. （正）誤　動荷重は同じ数値の静荷重よりも早く、ロープや器材を傷めます。
7. 正（誤）　合成素材のロープでは、熱や摩擦は問題にはなりません。
8. 正（誤）　カラビナというのはすべて、アルミニウム製で形はオーバル、ゲートはばね式です。
9. （正）誤　ロープを樹木のまたに直接走らせるのに比べると、ブロックはロープの摩耗や動荷重、木へのダメージを軽減することができます。
10. 正（誤）　マイクロプーリーは重荷重用のプーリーで、ロープを通すための大きな回転シーブとロープスリングを通すための小さな固定シーブを備えています。
11. （正）誤　幹にロープを巻くのではなく、フリクションデバイスを使う利点には、ロープの摩耗を軽減し、緩みを簡単にとることができる、といったことがあります。
12. （正）誤　ツリーワークにおけるボラードは、樹木に固定してロードラインを巻きつけるための筒状のパーツ（ドラム）のことです。
13. （正）誤　プーリーを使用すれば、リギングラインの摩耗を軽減することができます。
14. 正（誤）　リギングラインを枝の先側で結ぶことを、バットタイと呼びます。
15. 正（誤）　タグラインあるいはプルラインは、下ろす枝の重量を支えるために使用します。
16. （正）誤　下ろす枝のバランスを取ることの利点は、スイングや動荷重を抑えることができる点です。
17. 正（誤）　ヒンジ・カットは、まず切断位置の径の半分よりもわずかに深くカットを入れ、その

カットとは2～3cmほどずらした位置で反対側からカットを入れます。

18. (正) 誤　ロープでのコントロールを必要としないような比較的小さな材を扱うのに便利なのは、スナップ・カットです。

19. (正) 誤　熟練したグラウンドワーカーは、落下する枝を止める際に発生する動荷重の影響はリギングラインを"流す"ことで最小限に抑えることができます。

20. 正 (誤)　グラウンドワーカーはリギングでのロープ操作時、手袋をしてはいけません。

用語に当てはまる説明文（A～H）を選択しなさい。

ドロップ・カット：　**D**

ランニング・ボーライン：　**F**

フォルス・クロッチ：　**H**

フリクションデバイス：　**B**

ランディングゾーン：　**C**

メカニカルアドバンテージ：　**G**

静荷重：　**E**

摩擦（フリクション）：　**A**

A．相対的な動きの反対方向に働く力

B．ロードラインを巻き付けて使用する

C．材を落としたり、吊り下ろすエリア

D．昔からある3段切り

E．静止している物体に働く力

F．切り下ろす枝をロープで縛るときの結び方

G．牽引力を何倍にもできる

H．ロードラインのリギングポイント

それぞれ1つずつ解答を選択しなさい。

1．リギングポイントにナチュラル・クロッチではなくフォルス・クロッチを使用する利点は、　**d**
　　a．リギングポイントの設置位置が比較的自由なこと
　　b．摩擦の力をよりコントロールできること
　　c．樹木へのダメージを最小限にすることができること
　　d．上記すべて

2．リギングブロックにかかる反力は、　**b**
　　a．リギングラインにかかる荷重の半分です。
　　b．リギングラインにかかる荷重の2倍です。
　　c．枝をリフトすると大きくなります。
　　d．摩擦が少ないブロックを使用することで大きくなります。

3．リギングシステムで生じる動荷重は重要な問題です。なぜなら、　**d**
　　a．荷重は下ろす材の重さの何倍にもなる可能性があるからです。
　　b．器材やロープにかかる衝撃荷重は静荷重の場合よりも強いからです。
　　c．概算や予測するのが難しいからです。
　　d．上記すべて

第 7 章　練習問題

用語の説明として、当てはまる内容（A～H）を選択しなさい。

カントフック：	**B**
受け口：	**F**
玉切り：	**G**
枝払い：	**E**
伐木：	**A**
バーバーチェア：	**H**
追い口：	**C**
ツル：	**D**

A．樹木を撤去するための技術

B．大きな丸太を転がすための道具

C．切り込んでツルをつくること

D．伐木作業で、倒す方向を制御する役割を担う

E．伐倒した木の枝を切り払うこと

F．木を倒すために入れるV字型の切り欠き

G．丸太を短く切ること

H．伐倒時に、ツルの後ろで幹が裂け上がる現象

次の文の記述内容は、正しいか誤りか選択しなさい。

1．（正）誤　伐倒作業を始める前に、サイトインスペクションを行って危険がないかどうかを確認してください。

2．（正）誤　幹に空洞（うろ）がある木では、伐倒方向の制御が難しい可能性があります。

3．正（誤）　伐倒作業において大切なのは木の傾きや形であり、樹種ごとの特性は関係ありません。

4．（正）誤　突風によって木が倒れる方向が変わってしまう可能性があります。

5．（正）誤　切り始める前にまず、伐倒の計画を立てることが大切です。

6．（正）誤　タグラインやクサビは、伐倒を制御するのに役立ちます。

7．正（誤）　伐倒時、受け口は少なくとも幹の半分まで入れるべきです。

8．（正）誤　タグラインの途中にくの字曲がりがあると、木が回転して伐倒方向が変わってしまうことがあります。

9．（正）誤　基本的な受け口の深さは幹の直径の3分の1以下です。

10．（正）誤　オープンフェイス・ノッチのよいところは、長い時間ツルがちぎれず倒れる方向を制御できる点です。

11．正（誤）　追い口は常に、受け口の会合線よりも少し低い位置で入れるべきです。

12．（正）誤　受け口の後ろにつくったツルが、伐倒方向を制御するのに役立ちます。

13．正（誤）　伐倒後は、枝払いの前に玉切りを行います。

14．（正）誤　テンションのかかった枝や丸太は、切る際に危険を伴うということを示しています。

15．（正）誤　重い物を持ち上げる際、背中のカーブは自然な状態にしておきます。

それぞれ１つずつ解答を選択しなさい。

1．長い丸太を短く刻んでいく作業を ＿＿**c**＿＿ といいます。

    ａ．伐倒

    ｂ．枝払い

    ｃ．玉切り

    ｄ．受け口づくり

2．伐倒時に木が裂け上がることを ＿＿**b**＿＿ といいます。

    ａ．玉切り

    ｂ．バーバーチェア

    ｃ．ツル割け

    ｄ．クサビ割け

3．コモン・ノッチを用いて伐木する場合、追い口は ＿＿**c**＿＿ 入れるべきです。

    ａ．受け口の会合線と同じ高さで

    ｂ．受け口の会合線のすぐ下で

    ｃ．受け口の会合線のすぐ上で

    ｄ．受け口の会合線を貫いて

第 8 章　練 習 問 題

用語の説明として、当てはまる内容（A～H）を選択しなさい。

ラグフック：　**E**

アイスプライス：　**D**

アイボルト：　**H**

アモンアイナット：　**B**

木工用ドリルビット：　**G**

シンブル：　**C**

ヘイブングリップ：　**F**

カムアロング：　**A**

A．枝を引き寄せるための道具

B．スレッドロッドと一緒に使われる

C．ケーブルの損耗を減らす

D．固定器具に柔軟なケーブルを取り付ける

E．腐朽した木質部では使用しない

F．ケーブルを張るのに役立つ

G．下穴を開けるために使う

H．貫通させて留める固定器具

次の文の記述内容は、正しいか誤りか選択しなさい。

1．**正** 誤　基本的には、ケーブルを設置する前に剪定する。

2．正 **誤**　ケーブルは、またから梢端までの距離の3分の1の高さに設置する。

3．正 **誤**　正しく設置されたケーブルは地面と平行になる。

4．正 **誤**　ケーブルは常に太い方の枝に対して垂直に設置する。

5．**正** 誤　正しく設置されたケーブルは適度に張っている。

6．**正** 誤　葉の繁った時期に設置したケーブルは、落葉に伴って緩むかもしれません。

7．**正** 誤　ラグは径20cm未満の腐朽のない枝でのみ使用する。

8．正 **誤**　複数のケーブルを1本の枝に設置する場合、すぐ近くで上下した位置に設置する。

9．**正** 誤　1本のアイボルトやラグに2本のケーブルを取り付けてはならない。

10．**正** 誤　EHSケーブルを固定器具に取り付けるためには、デッドエンドグリップを用いる。

11．正 **誤**　デッドエンドグリップにはシンブルは必要ない。

12．**正** 誤　ラグを取り付けるための下穴は、ラグの直径よりも約1/16インチ（1.6mm）小さくする。

13．正 **誤**　コモングレードの7ストランドケーブルでは、アイスプライスをつくることはできない。

14．**正** 誤　ケーブルは固定器具と一直線になるように取り付ける。

15．正 **誤**　ボルトの取り付けには菱形ワッシャーが向いているが、ワッシャーを皿穴に埋め込んではいけない。

それぞれ１つずつ解答を選択しなさい。

1．ケーブリング作業で２本の枝を引き寄せるのによく使用するデバイスは __**b**__ です。
　　a．ヘイブングリップ
　　b．カムアロング
　　c．ケーブルエイド
　　d．ケーブルクランプ

2．EHSケーブルを設置する際、ケーブルは __**a**__ を用いて固定器具に取り付けます。
　　a．デッドエンドグリップ
　　b．アイスプライス
　　c．ケーブルクランプ
　　d．上記すべて

3．推奨されるケーブルの取り付け位置は、__**d**__ です。
　　a．可能な限りまたに近いところ
　　b．またから梢端までの距離の３分の１の高さ
　　c．またから梢端までの距離の２分の１の高さ
　　d．またから梢端までの距離の３分の２の高さ

あとがき

　ISAと出会い、そして日本にISAを紹介してから、JAA（日本アーボリスト®協会）やATI（アーボリスト®トレーニング研究所）を通じてアーボリスト技術を普及してきました。その間、日本や海外を問わず、樹木に関連した仕事をしていたプロの技術者が亡くなるニュースを聞き、また重傷を負った多くの人々と出会い、知り合いになりました。

　そしてアーボリストの事故報告書を研究する中で、単純な間違いやアーボリストスキルの欠如によって善良な人々を亡くし、残された家族の悲痛な現実をたびたび目にしてきました。すべての事故を防ぐことはできないことは知っていますが、適切なスキルと知識があれば、多くの危険を回避できることも事実です。

　あなたが時間をかけて、技術と知識を向上させ続けるために、すべてのアーボリストにこの本を贈ります。

Climb Smart, Climb Safe

2019年8月

アーボリスト®トレーニング研究所
ジョンギャスライト　川尻秀樹　下西あづさ　近藤紳二

索 引

訳者紹介

ジョン・ギャスライト

国籍カナダ、1985年来日。愛知県瀬戸市在住。中部大学教授。南山大学国際経営学部で日本語を学び卒業後、名古屋大学大学院に進学し農学博士号を取得。日本にツリークライミングを紹介した第一人者。2000年にツリークライミング®ジャパン（TCJ）を設立。2001年には世界初、世界で5番目に高いジャイアントセコイアにフィジカルチャレンジャーと共に登攀成功。その活動が2002年スミソニアンマガジンに掲載される。2005年日本国際博覧会でグローイングビレッジプロデューサーとして活躍。2014〜2017年ISA理事就任。2018年ISA理事再任。2007年日本アーボリスト®協会（JAA）設立。2013年アーボリスト®トレーニング研究所（ATI）を設立し、日本におけるアーボリカルチャーの次世代を担う後進の育成指導に尽力。

川尻 秀樹

岐阜県美濃市在住。日本大学、東京農工大学を経て、岐阜県で試験研究、短期大学講師、普及指導、公園管理、市役所業務の林業現場など様々な分野の職場を経験する中で、ツリークライミング、森林インストラクター、樹木医、技術士（森林部門）の知識を活かして「山を守る人づくり、地域の山と人をつなぐ活動」に尽力。2011年から岐阜県立森林文化アカデミー教授、2016年から同校副学長兼事務局長、2019年から森林総合教育課長。著書に「『読む』植物図鑑vol.1〜4」、翻訳本に「『なぜ？』が学べる実践ガイド　納得して上達！伐木造材術」、共著に「林業改良普及双書No.173 将来木施業と径級管理—その方法と効果」などがある。

下西 あづさ

プログラマー、SEとして十数年勤務し、その後、軽めの人生放浪。2014年に岐阜県立森林文化アカデミー入学（2016年卒業）。そこで子どもの頃から憧れていた樹上の世界への入り口を見つける。現在は、アーボリカルチャーと林業の2つのフィールドで樹木と向き合う日々を送っている。巨木、森林、ついでに焚き火フェチ。本書で出会った"in the tree"（日本語で"樹上"を意味する場面で使う表現）という言葉がお気に入り。

近藤 紳二

愛知県扶桑町在住。1999年にツリークライミングに出会い、以降どっぷりとその世界にはまり込む。ツリークライミング®ジャパン（TCJ）創設から関わる。樹上の世界の魅力を、多くのひとに伝えるために全国を駆け回り、車いすの女性　彦坂利子さんの80mの巨木　ジャイアントセコイアへのチャレンジクライミングや愛・地球博（愛知万博）でのツリークライミングをサポート。その後「きのぼり屋」として、高木の剪定・伐採等の樹上作業の事業を始め、現在では、神社仏閣の樹木手入れ、特定母樹遺伝子保存のサポートやATIトレーナー、TCJオフィシャルインストラクターとして後進の指導に当たっている。

デザイン　野沢 清子（株式会社エス・アンド・ピー）

ISA公認　アーボリスト®基本テキスト
クライミング、リギング、樹木管理技術
Tree Climbers' Guide 3RD EDITION

2019年9月20日　初版発行
2024年7月5日　初版第2刷発行

著 者	ISA International Society of Arboriculture シャロン・リリー
訳 者	アーボリスト®トレーニング研究所
発行者	中山 聡
発行所	全国林業改良普及協会 〒100-0014　東京都千代田区永田町1-11-30 サウスヒル永田町5F 電話　03-3500-5030（販売担当） 　　　　03-3500-5031（編集担当） FAX　03-3500-5038 注文FAX　03-3500-5039 webサイト　ringyou.or.jp
印刷・製本所	松尾印刷株式会社

一般社団法人　全国林業改良普及協会（全林協）は、会員である47都道府県の林業改良普及協会（一部山林協会等含む）と連携・協力して、出版をはじめとした森林・林業に関する情報発信および普及に取り組んでいます。
全林協の月刊「林業新知識」、月刊「現代林業」、単行本は、次のＵＲＬリンク先の協会からも購入いただけます。
　www.ringyou.or.jp/about/organization.html
　〈都道府県の林業改良普及協会（一部山林協会等含む）一覧〉

全林協の本

ISA公認テキスト
アーボリスト®必携 リギングの科学と実践

ISA International Society of Arboriculture／
ピーター・ドンゼリ／シャロン・リリー 著
アーボリスト®トレーニング研究所 訳

ISBN978-4-88138-361-2
B5判　184頁
定価：5,500円（本体5,000円＋税10%）

科学的研究、現場実証を重ねた実績をもとに、アーボリストが安全にリギングを行うために必要とされる重要な基礎技術および事故防止のためのベストプラクティスをまとめた1冊です。
器材の選択、枝下ろしの基本的な方法からリギングの方法を複合して重い材を除去する上級テクニックまで紹介。

2023年版
ロープ高所作業（樹上作業）特別教育テキスト

アーボリスト®トレーニング研究所 著

ISBN978-4-88138-451-0
A4判　124頁カラー　ソフトカバー
定価：3,300円（本体3,000円＋税10%）

樹上でロープ高所作業に従事する方のための特別教育テキストです。墜落・転落災害防止、安全意識向上のために、作業やロープの知識等、写真図解で平明に紹介しています。

「なぜ？」が学べる実践ガイド
納得して上達！伐木造材術

ジェフ・ジェプソン 著
ジョンギャスライト、川尻秀樹 訳

ISBN978-4-88138-279-0
A5判　232頁　ソフトカバー
定価：2,420円（本体2,200円＋税10%）

なぜその方法か？　200点以上の図を用い、準備、手順を踏んだ伐木、難しい木の伐倒、枝払い・玉切り、薪の扱い方などを段階的に説明しています。

道具と技　Vol.5
特殊伐採という仕事

全国林業改良普及協会 編

Amazonオンデマンド版のみ販売中
※Amazonへの直接注文をお願いします。

A4変型判　120頁カラー（一部モノクロ）　ソフトカバー
定価：1,980円（本体1,800円＋税10%）

プロが実践する特殊伐採の技術や安全対策、チームワークを公開‼
【特集】個別注文に応える技術－師弟のチームワークで高める技術力、2人でこなす屋敷林の現場は年間150件、神主さんにお祓いしてもらって神社のスギの枝下ろし、ほか

道具と技　Vol.10
大公開　これが特殊伐採の技術だ

全国林業改良普及協会 編

ISBN978-4-88138-452-7
A4変型判　116頁カラー（一部モノクロ）　ソフトカバー
定価：1,980円（本体1,800円＋税10%）

登る、伐る、降ろす、作業デザイン、そして安全。特殊伐採の技術を写真図解！
【特集】タイプ別伐倒図解 枝降ろし、幹降ろしの技術、道具図鑑（アーバンフォレストリー 長野県）／木の重心を見極めて吊り切り（和氣邁さん 栃木県）／銘木を育てる剪定技術（熊倉純一さん 埼玉県）、ほか

道具と技　Vol.19
写真図解 リギングの科学と実践

全国林業改良普及協会 編

ISBN978-4-88138-366-7
A4変型判　124頁カラー（一部モノクロ）　ソフトカバー
定価：1,980円（本体1,800円＋税10%）

ISAテキストから、アーボリストの現場、技術や道具を写真図解で紹介
【特集】リギング技術を現場に見るISA世界基準の紹介 事前調査、スピードライン、ヒンジカットほか／樹上80mの世界 ジャイアントセコイアの森の間伐 ジョン・ギャスライトさんインタビュー、ほか

お申し込みは、オンライン・メール・FAXでどうぞ。代金は後払いです（オンライン・一般のネット書店を除く）

全国林業改良普及協会
ホームページもご覧ください。
ringyou.or.jp

〒100-0014　東京都千代田区永田町1-11-30 サウスヒル永田町5F
メールアドレス：zenrinkyou@ringyou.or.jp　ご注文FAX：03-3500-5039
送料は一律550円。5,000円以上お買い上げの場合は1配送先まで無料。